进化
战略家

大师教练进阶的心法与技法指南

[西]佐然·托德偌维奇（Zoran Todorovic）等 著

毕聪敏 支瑾嫣 金路 译

Becoming
an Evolutionary Wayshower

人民东方出版传媒
People's Oriental Publishing & Media
东方出版社
The Oriental Press

图字：01-2023-1253 号

图书在版编目（CIP）数据

进化战略家／（西）佐然·托德偌维奇（Zoran Todorovic）等 著；毕聪敏，支瑾嫣，金路 译. —北京：东方出版社，2024.1
书名原文：Becoming an Evolutionary Wayshower
ISBN 978-7-5207-3614-5

Ⅰ.①进…　Ⅱ.①佐…②毕…③支…④金…　Ⅲ.①思维方法　Ⅳ.①B804

中国国家版本馆 CIP 数据核字（2023）第 165642 号

进化战略家
（JINHUA ZHANLÜEJIA）

作　　者：［西］佐然·托德偌维奇（Zoran Todorovic）等
译　　者：毕聪敏　支瑾嫣　金　路
责任编辑：申　浩
出　　版：东方出版社
发　　行：人民东方出版传媒有限公司
地　　址：北京市东城区朝阳门内大街 166 号
邮　　编：100010
印　　刷：北京明恒达印务有限公司
版　　次：2024 年 1 月第 1 版
印　　次：2024 年 1 月第 1 次印刷
开　　本：710 毫米×1000 毫米　1/16
印　　张：16.75
字　　数：230 千字
书　　号：ISBN 978-7-5207-3614-5
定　　价：69.00 元
发行电话：(010) 85924663　85924644　85924641

版权所有，违者必究

如有印装质量问题，我社负责调换，请拨打电话：(010) 85924602　85924603

特别感谢促成本书完成的合作者
乌什马·帕特尔、索雷拉·格林、简·马卡利斯特·杜克斯

特别鸣谢
创问教练中心以及出版社的伙伴们将这份事关地球
未来发展的未来领导力引介到中国

美妙的事情究竟如何来到我们的生命之中？就如同蝴蝶第一次扇动自己的翅膀，这本著作的翻译工作是由进化型组织的巨大的信任之流推动着，传递而来。这就是进化型教练组织的独特魅力——赋能。我没有感觉到这些翻译是一种工作的付出，这个过程被赋予了更轻盈的能量方式，而变得如同在宇宙的花园里玩耍，在意识的大海中冲浪一般神奇。

　　不梦想成为大师级教练的教练，可能并不是一名真正的教练。我期待能够将进化教练的核心精髓带入每一日的工作、生活与关系之中，成为行走的进化本身。在每一个呼吸吐纳之间，意识的进化，能量的进化，在召唤着你我，进入这不断超越自我极限、不断创造与源头合一的流动之中。

支瑾嫣

创问高阶进化教练、广告公司创始人

在高阶进化教练课程的学习以及本书的翻译与校对过程中，一次次感受到从封闭能量系统进入开放能量系统的开阔感，伴随着这种拓展和延伸，我能够更轻松地联结到大系统的智慧，有更多的潜能被唤醒。同时，书中文字本身就带有强大的能量，伴随着阅读的过程，能感受到内在的力量在增强，自然带动了更多行动力去创造——不仅是为了自己，而是与更大的系统联结的创造。

　　带着这样的体验和体感去教练的时候，无论当下的挑战和话题是什么，我都能笃定地相信那是进化的契机，因而可以更容易地看到被教练者未来的无限可能性，深刻地体会到了佐然老师所讲：当我们在教练的时候，并非在教练一个有问题的人，而是在教练集体意识的一部分。

　　每当我将这些体验或书中有触动的内容与朋友们分享时，都会获得深深的共鸣，在这份共鸣中看到了集体意识进化的渴望与动力。任何一个领域通往大师级道路的关键转变都是超越技巧，本书将带领我们踏上超越的旅程，而最激动人心的是我们携手走在这趟旅程中，全然地绽放潜能，成为进化战略家，推动更大系统的进化！

毕聪敏

创问高阶进化教练、高管/团队教练

打开鲜活生命的开瓶器

2021 年 2 月接到高阶进化教练教材翻译任务的时候正值世界和新西兰处于高度乱流停滞的状态，几乎影响到所有个人和每个家庭。

高阶进化教练教材就是在这么一个微妙的时刻再次来到了我的生命之中。整个翻译过程犹如在宇宙智慧的海洋中学习游泳，一天一天，有时有候，由浅入深，层层递进。对我来说这已经超越了翻译本身，感觉像是经历了一场宏大的生命冥想，让我第一次感受到文字不仅是智慧，也是能量。

进化教练让我有机会以更广阔的视角重新认识我的亲子、伴侣、事业和金钱关系……高阶进化教练的课程和教材翻译过程好比一个生命的开瓶器，它开启了一个崭新、鲜活、明亮的人生。让我有机会实验、体验一个妙不可言的生命状态，聆听内在细微的召唤，热忱地参与和"道"的共舞共创。

借此祝愿你也能够品尝到高阶进化教练这份丰盈的礼物：

愿你，
拥有信任、勇气和爱…
你是智慧和慈悲，
你是星辰和宇宙，

你是爱，

你是光，

你是中心，

……

每一个人都是中心。

今天，让我们以进化的意识积极主动地参与人类意识进化的明天。

金　路

创问高阶进化教练、艺术创业者

半张脸　半生缘

　　《进化战略家》这本书的原型是高阶进化教练海外课程，进入中国后与国际教练联合会核心能力标准做了道与术的整合，形成了大家现在熟知的中国版的"进化教练"体系，加入了更多赋能对话的技能训练，保留了一小部分高维领导力的内容，让课程在中国的土地上扎根更深，落地更稳，立意更高。

　　这本书的出版历经 20 余年的实践与研发，在中国就有 10 年之久，创问在经营"进化教练"的同时，每年都在海外开设"高阶进化教练"工作坊，我几乎每次都参加，应该说作为一名领导者，我的格局与稳定是依托这个系统建立起来的。所以当得知这本书即将出版时，我内心非常激动，想着将会有更多的领导者与教练像我一样，在更高维度受益。

　　序言，我就想分享一个我和作者佐然·托德偌维奇初次相识的故事，这个故事的发生本身也体现了本书的核心精髓。我第一次见到佐然老师是这张半张脸极富艺术感的照片，那是 2013 年年初，我当时

Zoran Todorovic (Master Certified Coach)
A gifted coach, presenter and telecitass leader, he combines exuberant, loving optimism and play with seriously-honed skills, limitless thinking, a piercing intelligence and an uncanny ability to see the truth and tell it. Zoran works with the greater and profound potential of a person, company, project or organisation by moving people into serving a greater ideal, vision or purpose.

刚刚学完教练的一个系统国际课程，正拉着我的合伙人唠哥准备开启宏大的教练事业。

我满世界地在联结各种国际资源，差不多整整三四个月我出现在市场上各种各样的教练课程中，中文的，国际的，尝试不同的体验，谈了各种可能性，想从中找到值得信赖的合作伙伴，也有很多优秀的机构抛出橄榄枝（优厚的合作条件），但我很犹豫，不知为什么迟迟做不了决定。

我的好朋友徐俐莉（U型理论中国创始合伙人）听说我们要创办世界上独一无二的教练中心，就极力推荐了她认识的一位教练导师，来自欧洲的大师级教练佐然。俐莉说她两三年前曾经在 ICF 全球大会上听过佐然老师关于人类潜能的演讲，她是边听边流泪的，不到一小时的演讲把她深深触动了，结束后她打电话给佐然希望他能到中国来讲学，因为佐然分享的内容中国教练太需要了，佐然当时的回复是"我会去中国的，但现在还不是时候，再过两三年我应该会去"。

俐莉是我的闺蜜，也是一位极有见识与格局的杰出女性，当她如此倾情推荐一位导师时，我自然对他充满了好奇，于是在俐莉的牵线搭桥下，我和佐然有了第一次 Skype 谈话，因为当时的网速和技术还没有现在这么发达，我们没法视频，只能看到他的半张脸照片，而且照片还不是高清的，用时不时会断线的音频进行了第一次会谈。我和佐然分享创办创问的愿景：创办一个全球独一无二的教练中心，让所有有机会联结到我们的人开启全新的生活！在此之前我对他一无所知，好像会谈中他也没有介绍自己，只是安静地聆听，时不时问我一个问题，然后极其赋能地镜像反馈他听到了什么，看不到他的脸，他的英文也并非标准的英式或美式，比较特别的口音，但他的声音是很吸引人的，整个会谈我们甚至没有涉及商务合作的内容，一晃两小时过去了，我们愉快地结束了这次会谈，信任在不知不觉中建立了。

差不多我们只是经过了三四次这样的 Skype 沟通，就很快确定了合作意向，佐然发来了进化教练（Evolutionary Coaching Program）的英文介绍，我当时不懂进化（Evolutionary）是什么？还傻乎乎地提了几个要求：

"能不能改成创新教练（Creative Coaching）？创新更吻合国内的需求。"

佐然笑着回答说："你相信我，这两个词（Evolutionary VS Creative）不在同一个能量水平上。"

那时我也不懂能量是什么，就鬼使神差地相信了他。然后我又问："资料文字怎么这么少啊？能不能多一些介绍？"佐然回答说："有时候少就是多（Less is more）。"我又相信了他。

差不多了，我感觉是时候敲定一下合作关系，于是我说："咱们签个独家协议吧，我们会全力以赴地推广进化教练，希望我们能结成战略联盟。"佐然的回答让我特别震惊："我早就把我们看成是一个整体，在我这里内在的承诺远远超过一纸协议，我是不需要签纸质协议的，但是如果签协议对你很重要，你需要的话，我也可以签的。"我也不知道哪里来的勇气，就听到自己回答："我们也不需要签，内在的承诺超过一切。"

我们就这样和"半张脸"确定了终生的关系，没有协议，没有条款，我也不知道进化教练是什么，不知道这个人到底全脸长啥样，身高多少？颜值和学识怎么样？哪个国家的？这样的决定对于过去喜欢并擅长做 SWOT 分析的我简直是一个天方夜谭，我像是着了魔一样。现在回想起来，这应该是我人生第一次在创业过程中听从了自己的直觉吧。

我记得我们是 4 月确定了关系，然后 7 月底就开课了，开课前我内心还是非常忐忑的，回想起自己把所有的赌注押在了一个连面都没见过的人身上。

开课的前一天，我第一次见到佐然老师本人，他下了飞机就风尘仆仆地赶到开课的酒店。当时我们正在紧张地召开助教会议，一见到他我的心踏实了一半，因为他的全人比"半张脸"好看太多了，他进来的时候满面春风，给每一个他第一次见面的人（助教和现场工作人员）一个大大的拥抱，感觉和大家认识了很久一样，一下子整个屋子都亮了，很快就热络起来。多年之后我发现，他所到之处都是欢乐的海洋，很多进化教练都说：和佐然在一起，感觉好像天下没什么难事。

进化教练第一天他一开口讲课，我整个心就放下了，我2000年进入教育领域，曾经和无数职业培训师打交道，对授课老师的水平基本是处在瞬间评估状态，我感受到这是一位内涵极为丰富的老师，感觉他不是在运用知识在授课，而是在运用智慧和能量，那个时候我仿佛对能量有了一点点感知。

我至今还记得他在第二天回答学员问题时运用的一个关于"人的本质"的隐喻，当佐然在分享教练式聆听时，提到如何看见对方的本质，而不是看到他所表现的个性，小我、具象的东西。因为人的性格呈现是多样化的，但他的本质是不变的。有位学员怀疑地问到："每个人本质都是一样的吗？"佐然回答："作为教练，我知道，其实问问题的人已经有答案了。你的想法是怎样的？"

学员："我没有答案，但是我觉得这是很重要的问题。如果每个人的本质都完全一样，那我们就没必要去探索。如果本质都一样，比如说，人之初，性本善。那探索的意义在哪里？"

佐然："你问的是一个非常哲学的问题，我打个比方，一滴水滴在大海里，同样的本质，但是每滴水既是不同的，又是相同的。再回到关于聆听的这一环上，如果我们感觉到对方的本质，既是不同的又是相同的话，我们听的质量就不一样了。"

我记得他的这一个隐喻一下子让全场进入到深深的探索之中，仿佛一起做了一个深潜，然后再浮到水面上来。

像这样沉浸式的分享每天会有若干次，整个学习的过程如同在大海中遨游，大海是那么浩瀚博大，我们是那么自由自在，这样的佐然老师让我们相信了场域，相信了教练，相信了自己。

时光飞逝，时间已经来到2023年6月，我和本书作者佐然老师从相识、信任到结盟已经十年之久，我们得以长情联结合作的内核，也是本书希望所有领导者、教练逐步掌握并成为进化战略家的精髓。祝大家阅读快乐！

何朝霞

创问教练中心创始人

目 录

序　言　召唤未来领导力到来! ……………………………………… 1

第一部分　灵动心智

第一章　开放的心智 …………………………………………… 003

第二章　联结激情与愿景 ……………………………………… 014

第三章　教练可能性 …………………………………………… 025

第四章　教练清晰性和有意识地选择进化 …………………… 037

第五章　教练平衡与流动 ……………………………………… 045

第六章　通过本质教练同频 …………………………………… 055

第七章　教练创造 ……………………………………………… 063

第八章　教练灵动心智的能力 ………………………………… 076

第九章　教练进化心智 ………………………………………… 086

第十章　教练各个层级的潜能 ………………………………… 095

第十一章　教练自我进化 ……………………………………… 107

第十二章　教练进化型生活 …………………………………… 115

第二部分　灵动之魂

第一章　通向合一的路线图——升华的心、整合的精神和整体的灵魂 … 127

第二章　在进化范式中进化灵魂 ……………………………… 142

第三章　深刻潜能——教练与生俱来的卓越和力量 ……………… 156

第四章　超越突破——非凡的现实创造 ……………………… 171

第五章　寻找与教练充满活力的创造力天赋 ………………… 184

第六章　灵动之魂的力量 ……………………………………… 195

第三部分　进化

第一章　愿景管理 ………………………………………………… 211

第二章　整体炼金术 …………………………………………… 222

第三章　生命创造力 …………………………………………… 233

序言　召唤未来领导力到来！

热烈欢迎你来到高阶进化教练的世界！

当你翻开本书时，或许你已经是一名经验丰富的教练了，而现在的你希望超越日常成功的教练角色来到进化人类乃至全球性转化的浪潮之中。

当下，你已经准备好成为一名进化战略家了！

以教练们的力量携全体人类共同之手，进化和创造一个与众不同的世界，让我们认知到我们是彼此内在相连的一个整体世界——与此同时，我们来到地球是成为一个百分之百、完整的、独一无二的个体。是时候进化我们的职业，创造这样一个美丽新世界了！

通过本书你可以一窥高阶进化教练的使命、目的和内核，我们将支持你重新深刻地联结那个真正具足壮丽恢宏的你，从彼处开启探索发现如何通过教练促进人类经验进化的进程。本书有助于你成为一名更为成熟的进化教练，与此同时也培养你成为一名进化战略家。

什么是进化战略家？

进化战略家是我们广阔的、共同创造未来的总体规划师、建筑师、设计师、创造者、实施者，我们触及未来的一切，无所不在。我们不仅与意识共舞，影响意识，同时创造和进化意识。我们欢欣鼓舞地在进化之路上一路前行，因为我们知道进化不是一个需要百万年的演化。我们知道，我们的每一次呼吸、每一个行动都存在潜能去进化地球上每一处生命，甚至远远超越于此。

进化战略家并不是在这个世界单一地从事某一个项目、企业、教育、政治，等等。进化战略家是为整体工作：人类的未来、地球、进化中的宇宙，甚至更多。我们不仅仅关注我们对自己和对世界的影响，更关注我们对万事万物的影响。

进化战略家是一个人可以自豪的、深刻的、充满热情的、强而有力的、有担当的角色。它召唤那些真正有意愿投身其中与之共舞的人，他们可以看到超越他们自身当前所处的位置具有不可估量的能力。你可能会有疑问：一具平凡肉身可以成为拥有那么多智慧、知识、觉知的核心吗？绝对是的！这是我们与生俱来的，并且要去实现的。通过本书，同时也是高阶进化教练培训的书面教材，TNM 国际教练集团协同创问教练中心的伙伴们非常高兴地向你呈现这是如何可以做到的，也邀约你共同加入进化战略家的集体！

本书有些什么内容？

高阶进化教练是一个由三部分组合的学习项目，本书以文字的方式为你揭示高阶进化教练的精华。

第一部分：灵动心智

在这个阶段，我们将学习如何超越基于头脑的智慧，开始与我们的内在以及环绕我们周围的灵动智慧超级连线。我们将探索如何在灵动心智中协同我们完整的了知和感知与客户充满能量地共舞。你将学习到如何通过各种感官去发掘无所不在的潜能，并且知道如何通过优雅的、有力的方式将其催化为现实。

你将成为一名潜能主义者。

第二部分：灵动之魂

在本阶段，你开始学习将你的教练能力引入到持续进化的生命领域。我们保持一种玩耍的心态轻松地学习从本质向全体本质的转化，将人类从他们天生的本性中解放出来。我们将创造一个可能让我们成为每时每刻都是创造力的存在，仿佛我们沉浸在一个拥有所有可能性的全新创造力天才库中。我们开始教练人类的进化，并且探索如何进行现实创造。

你将成为一名点石成金的炼金术士和创造者。

第三部分：进化

在第三阶段，将带领你探索奇妙的进化场域——教练进化、领导力进化、存在状态的进化、生活方式的进化、爱的进化，还有更多更多……为了我们更为深刻、强而有力、有觉知地进化，我们将进入更多的全体点石成金的炼金层次。

你将成为一股振动的能量，成为生命的源头进化战略家。

你将从本书中收获什么？

- *教练你的头脑，让你开放你的头脑，发现自由和创造力*
- *彻底重新设计和进化如何教练我们的头脑*

- 教练头脑可以拥有无限制性的信念和无限的可能性

- 有觉知地利用可能性和可行性教练生命，创造客户当下想要创造的生命体验

- 经由了知我们创造了我们的现实这个概念，教练完全的赋能

- 无论人生上演什么剧情，教练他人作出清明、有觉知的选择

- 教练他人进入深层次的状态与创造力本源同频共振、平衡，与创造力共舞

- 通过调频与"流动"的频率保持一致来教练平衡

- 教练他人去领悟生命是一场伟大的创造性行为

- 教练他人自由地进入灵动的进化心智之中

- 教练情商和灵商上升到进化的层次

- 教练他人在与本质、激情、生命所真正想成为的方面与自己和他人保持一致

- 教练为了自己和他人所拥有的激情和愿景带来的深刻与纯粹的能量

- 能够接触、教练、理解、体验到自我的所有层面

- 理解并教练是在进化范式中深度创造灵魂的进化

- 能够在前所未有的层次去教练和发掘自己和他人是创造力的天才

- 能够教练和发掘自己以及他人身上的超级创造力、原创性思维和远见

- 教练他人共创新层次的力量

- 教练他人去看见我们都是伟大的人类生命，为世界作出贡献

- 教练他人运用"魔法"的能力

- 通过联结纯粹的激情教练他人到达深层动力的层次，在能量层面创造出动力去激发最纯粹的行动

●向无限可能性打开不可思议、令人兴奋的大门，让你和你的被教练者都能够活出这些可能性

●知道在教练中如何激活创造性的生命力量

这是一个领导力的时代，每个人都是一块宝石，每个人都可以为全球化创造贡献一份礼物，让人类和全体向前发展。我们邀请你加入到一个宏大的进化战略家的大集体，让我们承诺突破所有学习的界限，与他人分享我们独特的能力，允许我们共创一个全新的世界！

第一部分

灵 动 心 智

第一章　开放的心智

本章意图

- 发现开放心智的自由与创造力
- 探索进化心智能够带来的可能性

深刻潜能

- 完全重新设计并进化心智的运作方式
- 解放心智——发现**"开放"**的真正力量
- 让你的"脑洞大开"，发现无限可能性

核心要点

- **从封闭到开放**——打开你心智的操作手册
- **联网**——把心智当作计算机来探索，并将其联结到鲜活的互联网
- **导航**——找到通往新智能、新能力和新认知的道路
- **进入了知状态**——成为当下需要和想要的视角、洞见和智慧的引擎
- **正念舞蹈**——不费力的、有节奏的舞蹈

● **有意识的心智**——融入无限可能性

探究性讨论

1. 你在运用开放的心智吗？

2. 当他人运用开放心智的时候，你能识别吗？

3. 你认为智慧是与生俱来的并且可以用智商来衡量的吗？或者你是否相信智慧是我们可以联结到的，并且所有人都拥有不可估量的智慧？

4. "不再有心智"对你来说意味着什么？超越心智是什么感觉？

5. 我们能知晓一切吗？

6. 我们是不是更伟大心智、更广阔智慧的一部分？

核心内容

从封闭到开放

我们刚刚进入一个新千年、新纪元，从上个千年到这个千年的明显转变，主要体现在我们和心智的关系上。过去几千年里，人们主要生活在一个封闭的能量系统中——封闭的思想、心灵、精神和灵魂。封闭的心智把我们带到了今天，而扩展的心智将引领人类进入这个新纪元，为所有人创造一个前所未有的未来。

你在运用开放心智吗？

你对新想法持开放态度吗？

你是否愿意认为，我们刚刚开始触及人类可能性的冰山一角？

你的信念是否以某种方式限制和束缚着你？

你能否和你的心智一起冒险，为你所做的事情寻找新的可能性？

你是否愿意接受，心智**并非**只在人的脑袋里？

练习

试着用下面这些简单的练习来打开你或者你的教练客户的心智：

●**能量检查**——当下你的能量主要位于身体的哪个部位？在你的头部，还是身体的其他部位？如果能量主要集中在你的头部，试着将它转移到身体的其他部位（例如心、双手、下颌、脚等），体会一下有什么感觉。

●**激情**——想象任何让你充满激情的事情（例如巧克力、潜水，或者拯救世界），并留意你在做这些事情时的感受。激情能够打开心田（胸骨区域），解放心智。当你想到激情的时候，感受一下能量在身体中从哪里流向哪里。

●**扩展**——深呼吸，放松你的身体和头脑。然后允许自己去扩展，感觉自己的边界变得越来越大。允许自己扩展到你感觉舒服的最大限度。对某些人来说，可能是和所在的房间一样大，另外一些人可能感觉和地球一样大，甚至更大。探索一下你愿意去到的最大限度，以及在这个扩展的状态中，你愿意去发现的是什么。留意你头脑的感觉和运作方式会有什么不同。

●**探索想法和信念**——如果你无法按上述方法进行扩展，问一下自己：有什么想法或信念阻碍着你去扩展？你也可以为你的客户做这样的练习，帮助他们去到开放的心智。

这并不是要去改变他们的信念，使之变得不同，而是去探索他们持有的信念，看看这些信念是否活跃地以经验主义的方式限制了他们的生命。你可以询问："现在对你来说还是这样吗？"

通常头脑会紧抓住那些已经过期很久的信念不放。让人们从那些陈旧且不再适用的信念中解放出来，能够为他们打开更多的可能性，去成为、去创造、去更有力量地活在当下。

●**意图**——如果这些都不起作用，那就只是设定意图，去拥有开放的心智，看看会发生什么。意图本身就蕴含着点燃宇宙的能量。

联网

什么是新思想和创造的能量源泉？是头脑还是其他来源？想法的确最终出现在头脑中，因为这是我们有意识觉察的终点，但它们是从哪里产生的呢？

我们相信，创意和创造力来源于各种不同的地方——心、精神、灵魂、空气——任何一个都不在头脑中。如果你想发现超级创意和超级思维，那就去探索一下我们周围以及内在深层的知识和可能性。超越心智并联结到超级大脑，灵动心智是我们天生的存在方式。

　　也许心智就像一台计算机；你大脑中的东西早已经在那里了，就像存储在计算机中的程序。脱机运行的计算机只能运行内部已经存储过的程序。但是当计算机联结到互联网（即和宇宙的宏大、无限智慧进行超级链接），大量的信息、洞见、视角以及更多内容就会触手可及。这就变成了灵动心智。

练习

　　如何进行超级链接？不止有一种、两种或三种方法……有多少人就可能有多少种方法。探索、创造并发现最适合你的方法。

　　●**感知，而非思考**——联结就是简单地将你的感知扩展到周围的空气中。这像什么呢？问一个问题，让答案自然浮现。不要用头脑去思考答案。相反，从一个开放且扩展的状态去感知你周围的一切，看看有哪些答案、想法和建议会出现在你面前。与空气、你周围以及内在的智慧进行超级链接。这就是所谓的"超越心智"。

　　●**视觉化空气中的各种可能性**——另外一个联网的方式是去想象你身上有无数多的小天线，能够"联网"到你周围空气中的那些空间。假如空气中的每个空间都是一个可能性的空间，是通向巨大的知识和智慧的入口，一个联结到大智慧的白洞，那会怎样？尝试这样玩一玩，看看感觉如何。

　　●**联结到你的整体**——想象你的身体、情绪、感受和感觉是一个显示变化的晴雨表。或许我们总是能够联结并联网，但我们在头脑中不一定意识到这一点。或许身体、情绪、感受和感觉就是正在与我们进行沟通的大智慧。想象一下，你是一张全息图（或者更好的说法，是一张"整体图"），你身体中的每一个细胞实际上就是宇宙中所有的细胞。留意你这样做的时候，是否变得更加警觉。你的好奇心是否增强了？你对事物的感知是否不一样了？你是否超链接到了比自己更大的东西？那是什么感觉？

导航

一旦你能够运用开放的心智并且联结到灵动心智和大智慧，下一步就是学习如何在其中进行导航。但不要试图用头脑去搞明白，允许自己自由流动，只是联网和联结。感受灵动心智空间的韵律，允许自己融入其中，和它待在一起。这是一个纯粹的能量空间，一个有意识的了知、智慧、天生的感知，甚至更多的空间。让它的韵律为你在这个新的领域导航。

练习

有多种方法可以让你自由流动，进入灵动心智：

● **联结创造**——创造是所有潜能、可能性和想法在播种和分娩之前的子宫。创造也是事物从概念变成现实的过程。为了从灵动心智联结到创造，观想从你心灵的空间滑动到你面前的空气里，我们称为灵魂之海或可能性的海洋。然后，允许自己潜入阳光照耀的海洋深处，进入一个巨大的闪闪发光的宝石洞穴中（纯粹的创造空间），里面每一颗宝石都是潜能或可能性，正等待着孕育出活生生的现实。你只需保持开放并允许这个过程开始。在这里，你不必强迫自己去导航。如果这种观想的方式对你不起作用，那就只是设定意图去联结纯粹的创造，看看它会将你带去哪里。

● **有意识地选择去探索**——允许自己从你的中心去扩展，扩展到你的能量可以达到的最大空间。这就像让你有意识的觉察持续变得越来越大，并且始终保持处在当下。看看你能否扩展到比地球还大，甚至和宇宙一样大。如果我们持续变得越来越大，在某一个点上就会发现，我们就是一切，我们就是**全部**。

这其实是一个很容易就能达到的状态。只是保持扩展，然后你会突然发现，自己嗖的一下就到那里了。这就是合一的状态。在我们的封闭能量系统状态中，达到合一通常需要花费数年的时间进行冥想和专注练习，但是如今在我们的开放能量系统中，只需要几秒钟就可以到达。

合一是什么样的感觉？平和、宁静、愉悦、联结？这些是人们经常用来描述这种状态的词语。如果你的体验不同，那很好！毕竟这就是合一，意味着容纳一切。

在通往合一的旅程中，人们往往会停留在平静的状态。但是我们将请你做出有意识的选择去探索，进而超越平静。有意识地决定去哪里以及探索什么，看看会发生什么。在你的有意识的现实中创造改变，成为这种改变的动力。

● **臣服和信任**——这是关于臣服和信任的冒险之旅。有一种磁力将我们带到需要去的地方。我们的头脑无须导航和控制，只需要臣服于这种磁力，被它引领到新的、惊人的发现中。我们可以有意识地选择导航到哪里（运用自己有意识的意图设定），或者我们臣服于各种可能性，并且允许自己自由流动到巨大的发现中。

进入了知状态

闭上眼睛，有意识地联结到你内在的了知。它在哪里？提示：它不在你的心智中。问一些问题，允许这个了知带你去探索。你的心智扩展到了灵动心智，你变得更加警觉、开放、自由——不需要任何过滤和筛选。相信内在了知状态带给你的一切。内在了知更丰富、更深入，并且更倾向于个人导向。它就是你一直以来已经知道的。

将你内在的了知想象成你个人的内部网络。或者说，你外部的了知就是宇宙互联网。你周围的空气中包含了所有已知或将要出现的了知。所有这些外部的信息就在那里，可供你去联结、浏览并从中选择。在这个空间里，你变成了搜索引擎，可以为当下需要和想要的东西提供视角、洞见、智慧和了知。

练习

●**联结内在/外在的了知**——你能够同时联结到自己内在和外在的了知吗？这和分别联结其中的一个有什么不同？如何做？

无论来到你面前的是什么，不加过滤和改编地使用它。你的身体会告诉你，是否得到了你正在寻找的答案或视角。当你找到它的时候，会有一种尘埃落定的完整感；当你还没找到理想的视角时，就会感觉还不够笃定和完整。如果你还没找到那个理想的视角，就去询问智慧的互联网和内在网络，直到你得到想要寻找的答案。一旦你找到了，通常会有一种"啊哈"的感觉，并且一种赋能的视角会自然呈现。

●**相信并练习**——了知对我们来说是一项天生的技能。所以建议你相信并练习了知，和它一起玩耍。利用生活中的各种情景以及你的客户们的探索，去发现灵动心智能够给你带来多少礼物。

正念舞蹈

灵动心智中有一首交响乐。不同的旋律交织在一起，就像音乐剧。当你允许这音乐和韵律引领你，现实就可能成为一个令人着迷的版本。生命就变成了交织在人群、情景、每个当下，以及能量之间的舞蹈。当你感知到这支**正念舞蹈**的韵律，你就成了这个巨大的集体创造性智慧管弦乐团的一部分。现在你的心智是真正开放和完整的。

练习

如果你试图通过大脑来实现这一点，可能需要大量的工作。相反，只是打开自己，并允许它发生。

● **从觉知到不费力的觉知**——开始进入音乐和舞蹈的韵律中。放下控制，毫不费力地成为这音乐和舞蹈。唤起聆听你最喜爱的音乐的感觉，跟着节奏摇摆、舞动。这和在扩展的、有意识的智慧中完全一样。热爱这种体验，并允许自己尽情舞蹈。

当你教练某人的时候，首先让自己流动到正念舞蹈的状态。保持警觉、有觉知、超链接，能够创造出美妙的音乐，巨大可能性的美妙舞蹈就会在他们的心中流动。

有意识的心智

有一首歌我们都在唱，这是一首全人类的可能性之歌。但直到你"听到这音乐"，你才能触摸并调频到无限的可能性。

当你教练他人的时候，要适应潜能的移动，勇于去发现灵动心智中的了知，超越二元对立，实现看似自相矛盾的创造。

练习

● **二元对立中的可能性非常有限**——每件事都是对或错、黑或白、善或恶。因为我们过去在一个封闭的能量系统中，所以我们的世界就是二元对立的。今天，我们开放的能量系统馈赠给我们的是看似矛盾的现实，在这里所有的事实都可能是真的，同时每种情境都可以有多种不同的视角。我们每个人都拥有无限的可能性，只需要保持开放，去发现当下对你和他人最赋能的那些可能性。

● **让无限性穿越你的思想和信念**——创造无限性的是"万事皆有可能"的信念。想象一下，只有我们头脑中的思想和信念才能局限我们。任何时候你感到束缚或渺小，就停下来，去扩展，看着你头脑中涌现出的念头，无论它们是什么。看看它们是否在以某种方式限制你，然后看看它们对你来说是否是真的。保持觉察并随时注意，是什么真正创造了你身边的无限性。当你捕获自己的念头，把它装回一个各种限制性的小盒子里，开始看到、打开，并推动无限性的进程。

● **调频到潜能状态**——设定意图，觉察当下能够给生命带来转变的潜能，并与它保持联结。正是在这里，生命开始真正为你、为你的客户以及为我们的世界打开。正是在这里，我们开始人类进化的旅程，创造出前所未有的东西，让所有人的生命变得更加喜悦、兴奋、充满生机和活力。

体验式实践：去应用

● 观察你一天中花在"你的头脑"上的时间。探索"在你的头脑中"的状态是否为你拓展了可能性和生命。

● 呼吸、放松并扩展，进入灵动心智。与客户或朋友一起练习。和它一起玩耍，不仅是和自己，还要和其他人一起。

突破

我们正在超越曾经的一切梦想。在成人和我们的孩子身上唤醒的新能力，为我们提供了前所未有的可能性。我们如何应用这些进化的能力，去为人类灵魂的新乐曲创造新的频率、共振和感应？我们如何以一种共享的、开放的灵动心智去运转，保持我们的独特性并赋能我们共同的梦想？

　　本章的突破在于知道灵动心智是真实存在的，它就在我们身边，并且只要愿意就可以进入其中。突破还在于发现它是存在的，并且发现你就是它！你成为灵动心智，并且从那里汲取和创造你全部的人生。

　　有了灵动心智，我们就能够做惊人的不可估量的事情。任何我们相信自己可以做的，我们都能做。当我们共同以共享心智或共享的**灵动心智**一起工作时，我们就变成了管弦乐团的一部分，发现潜能和创造的旋律，感受想要成为什么的能量，经由我们的歌唱唤醒潜能。

第二章　联结激情与愿景

◎ 本章意图

- 联结自己和他人在激情与愿景上的纯粹能量和深刻能量
- 能够识别出流经你和他人的激情与愿景

◎ 深刻潜能

- 教练人们通过联结纯粹激情以及能够激发最纯粹行动的能量，来获得深层次的动机
- 打开无限可能性之门，让你和你的被教练者联结到活出无限可能性的状态

◎ 核心要点

- **激情即能量**——探索它创造的兴奋感
- **愿景即能量**——将潜能显化为现实和可行的内容
- **通往激情和愿景的旅程**——如何表达激情和愿景，并活出来
- **进化愿景**——允许愿景和你一起长大并进化，每天感受激情和愿景的

振频与活力

🌀 探究性讨论

1. 你在哪里感受到激情？这种能量是如何移动的？你如何联结到这种能量？

2. 什么是愿景？你如何联结到它？

3. 愿景和激情之间是什么关系？

4. 什么触发了愿景的变化或改变？在创造愿景的过程中，我们身上会发生什么？你怎么知道何时该放手？

核心内容

激情即能量

激情是一种令人难以置信的兴奋感，它在你的身体中沸腾，并流经你的身体；与之相伴的是各种创意和想法的能量运动，它们在你的每个细胞中舞动。这会让你感觉真正充满活力。

如果潜能是此刻汇集的所有事物的无限可能性，那么激情就是潜能在升起，是潜能通过我们身体的第一次活动。它是驱动愿景落实到行动的燃料，是创造的兴奋感。

激情（是混乱无序的、运动中的且令人兴奋的）是朝向愿景的运动。你可以对任何事情充满激情——巧克力、潜水、烹饪、舞蹈等。你不一定要升起英雄般的激情。但如果对于愿景没有激情，就不要试图去接受这个愿景，因为你会没有实现愿景的能量。

练习

通往激情和愿景的旅程始于打开我们的心扉，并重新联结到我们热爱的事物。作为教练，如果你正在让客户穿越这种体验，重要的是你要充满激情并且能够感受到激情的能量。这样能够积极地创造一个充满激情的空间，并且能够让他人联结到他们自己的激情。这是一种协同效应——当你找到了你的激情，你周围的人就会点燃他们的激情。

● **调动情绪**——问一下你自己或你正在教练的人：你真正热爱的是什么？当某人想到、谈论或感受到他们真正热爱的（即让他们充满热情的），他们的心就会打开，激情的能量就会流经他们。这种充满能量的活动会让他们的眼睛放光、呼吸加快，他们会变得更加生机勃勃、更加充满活力！

你还可以问：什么能让你特别气愤？

激情也会隐藏在愤怒之下。如果你不是特别在意的话，为什么会这么生气呢？

当你问到什么会让一个人气愤的时候，愤怒作为一种能量就会从腹部开始升腾——像是愤怒底层的东西（潜能）。想象一下，愤怒或许就是正在升起的潜能的提示。作为教练的任务，是聆听情绪背后有什么，并发觉正在等待被发现、探索和表达的真正的潜能。

为了发现愤怒（或任何正在升起的情绪）的底层是什么，去呼入升起的情绪能量。但不要只是停留在情绪上，也要找到情绪底层的能量。允许这些能量流经心田（胸骨）并将它带到你面前的空间。现在询问一下，这是什么能量。与它和它所蕴含的一切（潜能）建立联系。和它对话、看到它、感觉它、体验它。如果需要的话，你可以设想并假设你就是它。

●**灵魂之海**——另一种联结激情的方法是通过视觉想象，我们称之为**灵魂之海**。想象在你心灵的中心有一道水滑梯，蜿蜒着滑向你周围的灵魂海洋。你可以感受到这个灵魂海洋在你的内在，或者就在你体外胸腔和腹腔神经丛前面的空气中。想象阳光照耀下波光粼粼的南海画面。在这阳光明媚的一天，你正沉浸在美秒的神奇之旅中。

当你向下看到五光十色、充满各种奇观的海底，你看到很多气泡正从那里升起。下潜到水中（是的，你可以在水下呼吸），停在这些气泡旁边，允许它们向上经过你的心和心胸（胸骨区域），流经你来到你周围的空气中。

与这样的能量建立联结，询问："什么是我的激情？"融入这能量，去发现你最新的、最热烈的激情。

●**能量位于哪里？**——有时候，人们无法通过呼吸使能量上升并流经自己的身体。如果他们不能，就问他们这能量位于哪里：

愤怒的感觉在你身体的什么部位？

它看起来像什么，感觉像什么？

它有颜色或声音吗？

它在移动吗？

它是静止的吗？

并不需要先把它从身体中拿出来，再和它沟通。只要客户知道它在哪里，能量就会更加自然地开始流动，更多的是把它带入有意识的觉知中，并且让他们和能量建立联结。然后你可以支持客户更加有意识地通过呼吸让能量上升，让他们把这能量放到自己面前并与之融合。

它是什么？

它想要什么？

它需要我做些什么？

作为教练，你必须与这能量调频，并且建设性地沟通你感知到的潜力是什么。与他们对话，谈一下情绪真正想要唤醒的是什么。很多时候，人们能感受到能量，但不能命名它。

●**深度聆听去发现言语背后的能量**——让客户做一遍**主要内容部分**中的激情练习，使他们能联结到自己的激情。这应该能让他们的激情能量更强烈地展现。如果这样做无效，"深度聆听"客户与之相关的谈话。超越词语去聆听，超越他们认为自己试图去说的内容。聆听此刻真正想要通过它们被表达出来的是什么。感知客户言语背后到底是什么。

看看你是否能发现，限制他们的激情能量流动的想法或信念。这些想法或信念往往是文化性的，而不是个人的。我们拥有的信念是被我们的文化影响塑造而成的，并且我们并不知道在多大限度上它们塑造了我们的生命特质。这些想法或信念在此刻对那个人来说，可能并不是一个真实的想法或信念了。

一旦你发现了限制激情能量流动的想法或信念，和他们一起审视，现在这对他们是否还是真的。你可能会发现，实际上这对他们不再是真实的。既然如此，这个想法被驱散了，他们激情的能量就又开始流动起来。

如果你想更深入，调频并聆听言语背后的能量，聆听在他们的激情领域里到底发生着什么。激情领域就像画家的调色盘，装满了各种各样的激情，用于描绘我们的人生。是的，我们可以拥有多种激情！一旦你触及他们的激情领域，从那里说出来的话将让激情活跃起来。允许你自己成为他们激情的一部分，然后合适的言语会流经你，去激发他们内在的激情。

聆听那些关于移动、喜悦、振动、幸福、兴奋的气泡，或者其他能量线索，这能给你带来激情正在流动的信号。

当你在客户的声音中感受到激情的时候，你就积极地开始和他们共创激情之舞。这里的关键是你要全身心地去聆听。就像你身体内外的每一个细胞都竖起了天线，关注、有意识、聆听并积极寻找激情出现的方式。你的每个部分——你的头脑、心灵、精神、灵魂，你的全部——在聆听。你在聆听着这个人的能量中最细微的感受、最微小的变化，以便你能够为他们清晰地描述出来，把它更多地变成现实。当你和他们谈论它的时候，它就变成了现实。

愿景即能量

激情允许你看到某个时刻、某种情境、某家公司或个人各种不同的潜能，并为之兴奋。你可以从中选择那些能激发你的愿景的具体内容。然后，通过聚焦你的愿景、与之合作并开始实现它，你就可以将那些潜能呈现出来。

愿景是正在等待发挥作用和变成现实的潜能。它是潜能、能够出现的、可能的和马上就能实现的各种事物的集合。愿景让潜能可以聚焦、成型和形成。它是潜能变成更具体、可行动的框架的显化。

练习

一旦你激情的能量升腾起来并能够为你所用，就进入这种状态。

● **假如……会怎样？**——问你自己："假如我有世界上所有的时间、金钱和资源，会怎样？我会做什么？"这常常会呈现真正的愿景，并允许能量自由流动。通常我们无法看到它发生，这会阻碍我们开始真正将梦想创造成现实。

● **问它想要什么**——询问你激情的能量，它想要你去做什么。一旦你做到了，关于你的愿景是什么，你会得到与只是想着去承担什么有所不同的答案。如果它确实是你的愿景，那就拥抱它——爱上这个愿景、咀嚼它、和它一起入眠。允许它渗透到你的每个细胞里。

● **灵魂之海（二级）**——想象自己回到了灵魂之海，那里激情的气泡正在升腾。再次站在这些气泡旁边，看到它们经过的裂缝开始变得更大了。海底打开了一道裂缝，潜入这道裂缝中，留意到下面又明亮又通风。

在那里可以发现创造的宝库，一个巨大的、闪闪发光的充满各种可能性的洞穴。站在这个地方，召唤此刻想要通过你来实现的可能性、潜能和愿景，它和你的激情、能力以及意图是匹配的。

现在，询问这能量是什么，并探索你能在其中发现什么。一旦你这样做了，选择你是否愿意与这个愿景合作。如果你决定是，就进入它，对它说"好的（YES）"，成为它的伙伴、管家、支持者和领导者。

（注意：说"不"也是可以的，但是要知道那些对于愿景的疑惑通常是文化性的，来源于限制性信念系统，不一定是真的。你可以选择摆脱这些想法和限制，并且说"是的，这让我的心在歌唱。我只能做这个"，或者"不，这不是我想要的，我想要别的"。）

和愿景建立深刻的关系。确保拥有进入这种能量的体验，因为你会发现，你漫步在一个比自己大很多的能量场域。在这样的关系以及在这扩展的、充满能量的场域中，会出现各种形式的协同和同步，这将支持你的愿景充满活力地来到这个世界上。

●**全身心调频**——尝试不使用任何出声的语言，联结到客户的愿景。首先，调频到他们本质的愿景，或者此刻要通过他们实现的东西。他们可能还没意识到的是什么？技巧就是，在调频和寻找的过程中完全相信自己。闭上你的眼睛，退后一步，和这个人的能量在一起（即调频），感受这能量，并找到其中哪个部分是他们对这个世界的贡献（即他们的愿景）。

从设定调频意图开始。将你的意图聚焦在联结愿景，此刻通过他们想要发生什么。因为你已经设定了意图，你整个身体以及所有能量传感器都将进行调频。

进入你自己的心灵、灵魂和整体，然后通过灵魂对灵魂、整体对整体的方式与他们相会。唤醒你灵魂的联结。这样做的时候，你将感受到和这个人的深刻联结，或许也能和自己有更多的联结。你可能会感受到温暖以及珍贵的亲密感。

扩展你的能量场域，设定意图，进入一个"纯净空间"。在这个空间里，你允许自己不知道，你留出空间，让需要了知的事物浮现。你可能会听到一些词语或看到一些画面、符号或颜色，这将使你能够洞察这个人的愿景是什么。无论你得到了什么，你都可以通过问更多问题去了解更多。和你的客户分享这个过程和其中的信息，以便让谈话更深入，去探讨他们的愿景到底是什么，以及如何呈现它。

问出你内在的问题："他们对这个世界的贡献、他们的深刻愿景是什么？"你将得到一种"了知"的感觉。它会以多种形式到来。允许"它"到来，无论"它"是什么。了知通常来得特别快，所以准备好，让了知进入你的身体并积极地抓住它，然后把它说出来，这样你就能够将它转换到心智层面，并翻译成你能理解的语言。

相信出现的内容，并且用开放式谈话的方式，与他们沟通如何实现愿景。

通往激情和愿景的旅程

激情、潜能和愿景是经由你、他人和这个世界移动、流动和舞动的能量。考虑到这就是能量，我们可以掌控它的流动。

练习

和你的激情与愿景的能量同行，聆听发生了什么，以便发现接下来要发生什么。

● **变得狂野**——允许自己变得狂野，完全地、彻底地和你的激情与愿景的能量成为伙伴，允许它带着你走。

● **开始与它对话**——通过语言和交流帮助它变成现实。和人们谈论它，让他们聆听你谈论它并且融入其中，以这种方式让他们参与进来，获得各种创意。

● **寻找信号**——对于你周围正在发生什么，始终保持警觉和有觉知。在每一次微风轻拂中、在歌曲的每一个字里面，甚至是街边路过的每一辆汽车，你将会看到愿景与你沟通的信号。你将开始看到事情是如何调整以满足你的愿景。通过这样的引领过程，愿景会变得更加清晰，并且如果你允许自己跟随它的引领，你会发现这种动力正在推动创造的过程。

进化愿景

过去，愿景是终其一生的事情——你一生的目的、命运或存在的理由。但今天，愿景转变迅速，并能快速发挥作用。在开放的灵动心智中工作，愿景变得流动、有活力、千变万化并不断进化。准备好某天发现一个惊奇的、令人兴奋的愿景，并让它转变为下一个愿景，但不是因为你突然从一件事转到另一件事，而是因为你可能已经真正完成了与那个潜能相关的工作。

练习

允许愿景和潜能有它自己的生命，以伙伴的方式和你一起成长并进化。

● **和它成为伙伴**——在愿景变更和进化的时候，持续以伙伴的方式与它同在。有意识地选择成为你的激情与愿景，并且有意识地说："是的，我想要和它一起玩耍，和它成为伙伴，将它表达出来、活出来，并坚持到底。"你将感受到它运动的能量，因为你不仅是和它成为伙伴，你就是它。

● **臣服**——一旦你已经完全地和它成为伙伴，就放松下来，并允许愿景带着你去到它需要带你去的地方。允许它点亮你的生命。不要试图让它在某一方向上移动；相反，优雅地、轻松地向着想要发生的地方移动。如果你真的想联结到更高、更深入、更纯粹的激情、潜能和愿景层级，你必须让它们流经你，不要控制它们。启动你的激情和愿景，活出它、呼吸它、谈论它、描绘它、成为它。

体验式实践：去应用

● 只是暂时地放下你目前拥有的愿景。聚焦在突破上：那个更大、更深刻、更通用、更赋能的，那个比你更大、你愿意与之成为伙伴的愿景是什么？

尝试将你的视角拓展到全球，甚至整个宇宙。去和它玩耍，看看它带给你怎样的感觉。问一下这个问题："能引起我的共鸣吗？这和我是谁以及我想成为谁契合吗？"如果回答是肯定的，进入它并和它成为伙伴。

接下来，活出它、看到它、呼吸它、说出它、驾驭它。观察一下，在你和愿景共舞并为它起舞的过程中，你周围的每件事在如何神奇地发生变化。留意是否有一个更有意义的生命开始出现，并在你和你的工作中上演。

允许愿景以它所想的方式进化，你不要试图去约束或控制它。记得去玩耍，保持轻松且从容。当你超越自己，进入到为了我们所有人的更伟大、更深入、更巨大、更深刻的愿景和可能性，探索有哪些可能性。

突破

本章的突破在于超越自我，进入比自己更大的事物中。对个人以及对专业教练来讲，一个重要的跨越在于，看到更大的画面，主张人类意识的运动，和当下想要成为的事物一起工作。

我们或者我们的客户需要成为谁，才能联结到更大、更宏伟、更深刻的愿景？我们如何才能毫不费力并且被赋能地这样做，而不是像很多人那样疑心重重、恐惧或猜疑？突破，就是超越灵魂进入现实创造，和下一步想要成为的，以及与你的激情相符的愿景成为伙伴。

通往激情和愿景的旅程创造了兴奋和巨大的感觉，以及联结到比我们自己更大的事物的感觉。在这里，我们进入了一个更大的游乐场，有我们之前从未考虑过的各种可能性。

我们在这里教练客户去超越自己，与那个不仅为了自己，而且为了他人或所有人的愿景合作。我们在这里教练他人发现，为了世界本身和超越世界的愿景与潜能是什么！

第三章 教练可能性

◎ 本章意图

- 运用可能性和可行性，有意识地创造此刻我们想要创造的生命体验
- 了解如何调整自我，与每个当下提供的可能性和可行性进行整合
- 知道在哪里能够找到可能性和可行性

◎ 深刻潜能

- 意识到我们创造自己的现实，从而被充分赋能
- 保持彻底真实的状态，同时完全开放、平衡和兴奋
- 每时每刻去创造当下的体验

◎ 核心要点

- **知道**——什么是可能性和可行性
- **寻找**——你在哪里能够找到可能性和可行性
- **合作**——如何与生命中的可能性和可行性合作
- **教练**——如何教练他人看到、感知和感觉到生命的可能性和可行性

● **沟通**——如何在教练谈话中把你看到和感知到的可能性与可行性负责任地呈现出来

● **有意识地创造**——如何在生命中实现可能性和可行性

🌀 探究性讨论

1. 你如何定义可能性和可行性？关于可能性与可行性，你已知和未知的部分有什么不同？

2. 探索的过程是什么感觉？

3. 当一个想法联结到你的时候，是什么感觉？你如何知道与之联结了？你是否能在身体中感觉到它？如果是的话，在哪里？

4. 你到哪里去寻找你和你的客户尚未知道的东西？

5. 需要在这里进行有意识的创造。

核心内容

什么是可能性和可行性?

可能性是指有可能成为现实的一切可能。它们是那些已经进入有意识的觉知层面的想法和概念。

可行性是可能性成真的概率。可行性是更有可能发生或更容易达成的那些可能性。可能性更可行的原因是:

- 它更适合你
- 能和你产生共鸣
- 你对它有更多能量,并且/或者
- 你认为它可以实现并且你想去做

练习

如果一个可能性是可行的,很可能它已经拥有了能量并且在向前推进。与这样的能量联结,有助于确定一个可能性是可行的,并且会促使它成为现实。

- **感受能量** ——要确定可行性,先感受你与可能性的联结以及它实现的概率。你对它有多少能量? 相应地,实现它的可能性有多大? 如果你对一个可能性没有能量,就不要选择它。低能量或无能量通常是一个信号,意味着这不会给你、他人和**生命**带来流动感。

你在哪里可以找到可能性和可行性?

通过做第二章的激情与愿景练习,你可以评估可能性和可行性。这些练习会唤起可能性的能量,能够让你看到和感知到它所触发的激情和愿景,也能够让你和客户确定它有多大的可行性。激情是推动可能性转化为可行性的燃料。愿景是驱动所有内容、目的和活动的能量源,为探索之旅带来真正的清晰。

练习

如果你已经有了一个愿景,并且你想扩展到更多的可能性和可行性,那就向它们敞开。一个深呼吸、扩展,向出现的可能性和可行性的能量敞开。它们可能出现在空气中或你内心深处。这时不要做任何评判。你正行进在可能性的探索之旅中。

在各种情境中和开放性一起玩耍,发现可能性出现的各种地方。具有创造力并且对可能发生的事情充满创造性的想法。不要试图在你的头脑中创造它们,允许它们自然涌现,就像它们正在门外等待,你只要打开门就好了。

●**询问这能量想要什么**——如果你已经联结到了一个愿景,你可以让这个愿景的能量告诉你,它有哪些可能性。记得要以一个扩展的状态去做。

●**感知每个可能性的可行性**——你可能发现自己有五到六个感觉强烈的可能性。是的,你可以有不止一个可能性。但是某个可能性实现的可行性如何?你能感觉到答案。可以用百分比的方式或者使用"零、低、中、高"的刻度尺方式去感知可能性。这会让你很好地感知到最好的选择是什么。

对于某个特定的愿景和可能性,可行性带来的具体感觉是:"就是它。"它让你感觉显化的概率非常高。你也可以用毫不费力、喜悦或冒险等维度进行衡量。它足够挑战或振奋人心吗？还可以用能量来衡量，即它蕴含着多少能量。

● **询问"这个可能性想要发生吗"**——深入感觉这个答案。如果你发现有些问题（即感觉不对），或者遇到了一些障碍（即能量停滞不前），你需要为此做些什么。这并非意味着停止并放弃。你可以感知阻力的来源，并确定这个阻力是来自你、生活还是其他方面，从而可以提前避免很多问题。

其他需要探寻的重要问题是：这个可能性对现在的我以及/或者这个世界是最好的吗？对我以及对所有人最有力量的召唤或吸引力是什么？

一旦你确定某个可能性真的想要成为现实，并且对你和对我们都是最好的，就去消除那些阻碍。阻碍通常以文化性思维或限制性信念的形式出现。只要看到这一刻对你和他们真正重要的是什么，然后摆脱受束缚的想法或信念，就可以在探索的旅途上继续前行。

● **识别路径**——即使你仅仅联结到了一种可能性，通常也会伴随着多条路径。有一种状态能够让你轻松、优雅并且毫无迟疑地识别出该走哪些可能性之路。识别是指感知、感觉，进而知道。进入这种状态只需要你从头脑转换到扩展状态（你无法从头脑的层面进入这种状态），在那里，暂悬此刻所有的念头或想法，去感觉和可能性相关的那些路径。允许自己与能量一起流动，并且选择此刻最有能量的那些路径。然后通过对它们进行清晰的认识和理解，呈现它们的意义和目的。

● 一旦你跟随并穿越了充满能量的路径，达到清晰的状态，就可以做出明智且清晰的选择。此刻你可以设定意图：接下来要去哪里。一旦你确定已经足够清晰，选择就会变得容易并且是下一步自然而然的事。

如何与生命中的可能性和可行性合作?

一旦各种路径呈现在你面前,你感知到了更有可能实现的那些路径,就准备好了与那些最能引起共鸣的路径为伍。让我们先来明确一些事情,这样你就不会最终把这种伙伴关系当成一种负担。与可能性合作不是终身监禁,它是一支进化舞蹈。像任何舞蹈一样,你可以随时更换舞伴和音乐。谁知道呢?从进化的角度看,你可能会在某一天,甚至某一分钟的一支舞曲里,完成你和它需要实现的一切。从进化的角度来看,这一切都是非常灵活、流动并且令人兴奋的。不要被你承诺的事情卡住,那样会放慢或停止这支舞蹈以及迈向实现它的优雅舞步。

练习

● **与可能性合作**——可以有几种方式来进行。第一种就像与充满能量的可能性握手,同意建立伙伴关系。第二种更像是成为它。无论采取哪种方式,你都要同意这样做,成为它的管家、拥护者、爱人、它的现实表现,进入它的能量状态,对它说"是的",让它更加鲜活和真实。

如何教练他人看到、感知和感受到
生命中的可能性和可行性?

进行可能性和可行性的探索,对感觉困惑或正在经历重大人生转变的客户特别有帮助。这为你和客户打开了一扇门,将转型期从混沌转变为创造,从困惑开始变得清晰。你可以教练他们去感知并联结到此刻对他们有用的资源。

教练可能性和可行性的时候，关键是源于一个清明的位置，即我们所说的纯净空间。上一章提到过，这是一个未知的空间，但也是允许正确的觉知涌现的空间。你在开始教练前，先呼吸、放松、扩展，进入纯净空间。这样做的时候，你需要放下头脑，不需要思考如何做。设定进入纯净空间的意图，然后扩展，直到你感觉清晰和清明。在这里思维静止，扩展的意识可以轻而易举地为你所用。

在这里，联结到你最完整的自我、你客户最完整的自我、你外在和内在的大智慧（**灵动心智**）。在这个纯净空间里，你的意识状态会截然不同。你将完全地与你自己和客户在一起，并且向可能性和可行性敞开。你可能会感觉自己与这个过程无关，然而在这里你既是观察者，也是催化剂。在本章，我们将详述这种看似矛盾的情况。现在，只是设定意图，进入纯净空间并体验这个过程。不要陷入头脑的思考，询问这是什么意思。这只是单纯的体验，与你能够思考的事情不同，在这个清明的体验中，可能性和可行性会轻而易举地显现。

练习

● **与可能性一起玩耍**——请你的客户打开自己，允许创造的能量完全流经自己。允许一切想法的涌现，暂时不作评判或评价。邀请他们一起玩耍！这不是什么沉重、严肃和重大的事情。这是关于追求生命中的喜悦和振奋，以及我们能为它所做的一切。让可能性的能量流经他们，并且让这股能量带给他们启发。换句话说，将这股能量呈现出来，并询问它为何而来，以及他们可以和这股能量一起做些什么。

● **共同进入纯净空间**——另一种方法是，你和客户共同进入纯净空间，一起调频去发现此刻有哪些可能性。暂悬那些关于你或他们能或不能做什么的信念和想法。你必须愿意对此感到震惊和惊讶：他们是谁，以及他们能成就什么。这会为一切的发生创造空间。和他们一起融入这个开放、纯净的可能性空间，并且在流动中谈论此刻他们真正的可能性是什么。

●**感觉他们的能量**——客户对出现的可能性有多少激情？这个可能性周围有多大的能量？当一个人说"我想做某事"的时候，你可以用刻度尺的方式（即1—10或高/中/低打分）去感觉能量的振频。他对这个可能性感到兴奋吗？如果是，就选择它。他们或许认为这是个好主意，但如果他们对此没有任何能量，那么他们可能会错误地判断这个可能性是否真正适合他们。同时，留意你对他们是否能这样做的评估与评判，确保你不会干扰他们，这样他们才能真实地自行评估。

●**扩展到伙伴关系**——现在，他们已经做好准备，并愿意进行选择和行动。你如何教练他们和这股能量建立伙伴关系？让他们扩展到能达到的最大空间，然后让他们通过呼吸来吸入可能性的能量，并将其放在自己面前，深入了解它并和它建立联结。然后，当他们确定这是适合自己的，并且你和他们对此都感觉正确，问他们：是什么感觉？你们愿意与它合作吗？

如果他们愿意与它合作，就让他们把这个意愿说出来，并且向这能量作出有力的承诺："是的，我就是最佳人选！我要去实现它！我愿意在生命中全然地成为这种可能性！"

●**为阻力保留空间**——可能会出现这样的时刻：某人希望与可能性合作，但不相信自己能做到。你可以通过对转变进行教练来帮助他。一种方法是，让他们知道这是一个选择，即他们决定相信什么是一种选择。请他们暂停评判，进入到这个能量中，就像是他们正在选择它。让他们装作已经作出了这样的选择，以便他们能够从选择的另一个角度去看看是什么感觉。通常，这样做能简单柔和地避开限制性信念，允许他们通过自我意识的选择立刻与可能性合作并成为它。

有时候，他们会因为原地不动而得到好处。你可以帮助他们意识到，作出选择可以得到更多的好处。你可以在去除文化性信念（这并非个人问题）方面做些工作。你可以为他们保留这样的空间，时间长短根据你和他们的感觉而定，你知道他们会在最恰当的时机作出选择，你也知道他们已经在某种程度上作出了选择。或者在需要的时候，把他们转交给一位更适合他们现状的教练，这对他们和你都是最佳选择。

作为教练，如果你能为他们保留这样的空间，他们的选择就会变得越来越清晰。

如何将你在教练谈话中看到和感知到的可能性和可行性负责任地呈现出来？

教练过程中承担多少责任去呈现可能性和可行性，取决于你当时教练的动机：帮助他人？转变这个星球？推动人类进化？如果只是为了客户谈到的他们想要的东西，你可能会因为它们与客户认为自己想要的东西不符，而选择不去呈现新的可能性和可行性。然而，如果你们双方都认为这次教练关系是为了转变、创造和进化，你就有责任在新的可能性出现的时候，去呈现它们。

练习

●**忠实于能量**——一旦你选择了与可能性合作，就必须接受并忠诚于出现的任何富有能量的可能性。有时你会响亮地把它说出来，有时你跟随它的指引但无须说什么。如果客户没"听懂"你在说什么，你可以试着换种说法。有时候一个词会让人们因为误解而卡住，同样另一个恰当的词就能重新打开理解的通道。只有在当下感觉对的时候才这样做。你必须去感觉何时何地停下来、何时何地继续。对正在发生的事情保持有意识的警觉，你就会知道该怎么做。

●教练他们去跨越——如果你们达成一致共同进行意识进化，你就要投入进去，优雅地坚持这样做。如果你感觉到他们当时还没做好前进的准备，尊重他们此刻的现状，但从长远来讲，不要放弃探索可能性。如果他们没有和可能性建立关联，并且没有找到可能性的理由，就不会出现富有能量的可能性。有些人需要点时间去适应新的可能性，而另外一些人会立刻实现跨越。

有了常规的可能性，特别是如果它与客户的个人激情和愿景直接相关，他们可能会花更多的时间来与之协调一致和合作。如果这段时间对他们来说是合适的，那么你可以为他们护持一个空间，让他们以温和、耐心、不评判的方式作出选择。在他们取得突破的道路上与他们一起努力。作为教练，你必须决定：这个人是否真的在努力取得突破，以及你和他们愿意在这个过程中付出多少时间。

作为教练，你也可以训练人们进行进化式的跨越，从容面对改变并实现蜕变。这会大大缩短需要花费的时间。进化式可能性的能量，会流动到当下想要与此能量合作去实现它的人面前。

如何在生命中实现可能性和可行性

实现可能性最重要的第一步是，与这个能量合作，进入它并成为它。如我们在第三点讨论过的，你可以询问这个能量：此刻实现它的第一步应该是什么？就好像你能够感觉到面前有一些路径。让这能量引领你走向其中的一条或两条路，并且去感受和理解它们。接下来，让这能量扩展到进化意识的状态。

练习

●进化式地扩展——感觉你自己变得比地球还大，甚至比宇宙还大。你的激情和承诺是，此刻就去实现这个可能性，请求与全世界那些共享你的激情和承诺的能量联结。感觉到意识开始流动，允许它流动到当下想去的地方。首先这样去做，就像是在"润滑轨道"、创造空间，让任何事此刻都能轻松优雅地流动起来，并成为活生生的现实。

● **感知同步性**——现在你已经准备好去看到，这个可能性的实现在多大程度上符合你当前的愿景和规划，以及哪里需要调整，以进入到有意识的创造模式。此刻你能采取的行动越多，整体推进的速度就越快。就像是第一个行动打开了实现它的闸门，各种各样同步的行动和协同性的机会将奔涌而出。

关键是实现思维模式的转变。过去我们常常会对某人说："不要贪多求快。保持专注，一次做好一件事情。"但是今天，没必要再这样做了。当你进入到进化状态，拥有了各种进化式的可能性，你就进入了超高速、极具创造力的状态，能够很好地处理多个任务。实际上，如果你尝试只做一件事，你很可能会感到无聊，并延缓整体进程。我们将此称为富有生机的多样性，它是进化范式的一个关键部分。

体验式实践：去应用

● 在生活的各个领域和可能性一起玩耍，从准备早餐，到在街上与人交流，到淋浴等。从起床到睡觉，一直和它一起玩耍。用轻松有趣的方式活出可能性。让可能性浮现在空气中的气泡里。想象你周围的空气里有很多白洞，把你的手指伸进一个洞，脚趾伸进另一个洞，鼻子进入另外一个洞。放下你的头脑，让灵动智慧告诉你新的和立刻会出现的那些可能性。

● 选择一个你已经满怀热情的项目，让各种可能性全部以我们描述的那些不同方式呈现，把它们写下来。发现最富有能量的那些可能性，把它们放到你面前，就像有多条路径。进入这能量中，看看哪个最有动力，你可以直接通过它带给你的感受去衡量最大的动力在哪里。

● 挑选一个想法，和它一起玩耍，让它持续一两天。留意它，看看会发生什么。如果它适合你，你会看到各种证据冒出来。它带来的能量将告诉你，接下来会发生什么。

● 尝试和客户或朋友做可能性的练习，发现你自己和它共同的流动。付诸实践，看看会发生什么。

突破

可能性就是玩耍！作为教练，我们可以用人们以前未曾运用的方式，释放他们在这个充满活力的舞台上玩耍的才能。是时候了！不要把一切看得那么严肃，而是轻松对待，在人生的游乐场里玩耍。

第四章 教练清晰性和有意识地选择进化

◎ 本章意图

- 让自己和客户做到清晰，以便能够轻松、优雅和富有激情地作出清明和有意识的决定
- 教练他人如何进入**灵动心智**提供的清晰和宏大，利用现有的理解简化和增强创造过程

◎ 深刻潜能

- 任何情境下都能作出清明和有意识的选择
- 知道你可以为自己和为他人，以及和他人一起这样做

◎ 核心要点

- **发现纯净空间**——什么是纯净空间，你在哪里可以找到它
- **联结智慧**——你如何在纯净空间与洞察、理解、智慧和视角联结，获得新的清晰
- **有意识地选择**——你如何带领自己和他人作出宏大和有意识的选择

◉ 探究性讨论

1. 你感知到的纯净空间是什么样的，它是什么感觉？

2. 什么制造了混沌？当可能性升起时，如果你可以和混沌一起工作，会怎样？

3. 你选择时的意识程度如何？如果有意识的选择其实就是一个创造性的进化行动，会怎样？

核心内容

什么是纯净空间，你在哪里可以找到它？

在前面两章里你可能已经有了纯净空间的体验，现在我们将进行更全面的深入探讨，从而让你了解它的多种功能。

纯净空间是整洁没有杂念的，是一种此时此刻非常当下的体验。没有思想的干扰，纯净空间为信息、智慧、洞见、理解力和各种视角留出了空间，让它们能够流向你。在纯净空间里，你可以开始探索任何你正试图理解的事物。它给你一个空间玩要，并且超越你认为已知的视角，去看那些其实你还不知道的东西。

练习

进入纯净空间涉及超越混沌和困惑的思考过程。下面是如何做：

● **呼吸它**——呼吸、放松、扩展。留意你有意识觉知的边界——它能走多远？一英尺、三英尺、十英尺，和你的房子一样大，还是像你所在的城市、地球、宇宙一样大？允许自己从你的中心自然地扩展，直到一切变得清晰为止。

● **设定意图进入它**——从你的心智（头脑）进入到**灵动心智**（你内在和外在的智慧）。想象你的头脑是一座瞭望台，可以显现天空、星辰和宇宙的广阔。然后迈出一步进入它并成为它。这种活动通常会带来这样的感觉：广阔、生机勃勃、充满活力、清明。现在你就已经进入了纯净空间。

你如何在纯净空间与洞察、理解力、
智慧和不同视角联结，获得新的清晰？

选择经常带来困惑，通常是因为有太多选择或路径。困惑是你作出选择之前能量流出的状态。困惑和混乱是"新事物"变为现实的高维状态。

如果你能把困惑当成可能性在升起，和它一起工作，而非把它看作混乱无序，那会怎样？

当你在灵动心智里向纯净空间敞开，信息就会出现在你面前，这会让你对某个情境有新的视角、洞察、理解和智慧。这些信息会以声音、颜色、图像、词语或纯粹能量的形式出现。你必须允许信息不经思考地涌向你。只是简单地允许信息能量流向你。如果你待在纯净空间里，会发现一种轻松优雅的理解力很自然地流向你。就像你吸收它，理解力会随着吸收自然到来。

练习

● **设定意图**——设定意图，去发现真正在发生着什么以及为什么，对于这些的理解力源头是什么。然后让能量引领你去全然理解这种情形的性质和目的。

● **保持好奇**——不要只是坐着不动并等待事情流向你。成为探险家并用你的好奇来导航。保持好奇并非意味着多多思考。在这里，好奇意味着设定你充满能量的意图，从一种以好奇为导向的状态去追寻能量。

● **跟随能量**——一旦你接收到了一些洞察力，继续问一些问题并跟随能量的流动。不要依赖某一个单独的输入。让每个答案带领你去到另一个问题，直到你有"啊哈，我找到了！"的感觉并且达到了清晰的状态。当困惑发生时，在纯净空间里寻找洞见的过程，就会从非常简单的线性模式（一个接一个的步骤或问题）转变到多角度的模式（感知可选路径的力量并允许多层次的信息出现在你面前）。在你寻求清晰时，允许能量告诉你在灵动心智中向哪里移动。如果你发现自己又回到了头脑思考，再次从头脑中出来，进入灵动心智，让它带领和指引你去到你在寻找的洞见。

如何引领自己和他人作出明智的、有意识的选择？

你可以从多个角度作出选择：

- 从你自己想要什么
- 从他人想要什么
- 从世界想要什么，以及
- 从生命想要什么，在这里可以找到你和进化的关系。

当他人在作有意识的选择时，真正有用的是，帮助他们看清正在从哪些视角出发作出选择以及为什么。他们越能有意识地选择进化，就越有利于对整体的影响和推动，他们就越有激情和愿景投入去做！这其实完全与这个领域的容量和能量强度相关。

例如，如果他们选择自己想要什么，仅仅就是在和自身的能量一起工作。如果他们选择生命想要什么，就进入了完全与生命结伴而行的状态，并且能调动生命活力去创造现实和进化。当他们进入到视角的这些层级，就有更多的能量完成相关的工作。

通常面临进化选择的人们会担心，如果他们取得巨大的飞跃就不得不疏远一些人或关系。当事人要考虑到这一点，这样他们才能作出完全有意识和清晰的选择。

首先，让他们知道，如果他们为了和某人在一起而阻止或限制自己向前，这段关系很可能会随着时间的推移而淡化，因为他们没有真实地活出自己。

其次，整个世界，包括他们的同伴、家庭和朋友，都会因为我们每个人跨出的这一步而生活得更好，向前走得更远、更快。

最后，最好看一下，这段伙伴关系/友谊是否真的滋养并支持这个人的成长。有时，人迈出一步继续向前会更好。但大多数时候，一旦他们成为真正的自己，他们的关系其实会改进，并具有新的深度和意义。

作为教练，你的工作是帮助客户探索他们的决定，并选择可能带来的影响和好处。你的工作是让客户彻底看清他们的选择，这样他们才能作出完全有意识的选择，这对他们、其他人和生命来说都是最好的选择。你必须绝对清晰，这样才能帮助客户拨开迷雾。不要陷入他们的混乱中，你必须清晰且诚实地表达，带领他们走出困扰。教练必须愿意超越自我，成为通往有意识选择的旅程中的向导。

练习

● **对通往纯净空间的阻力进行教练**——询问什么想法可能阻止你或客户进入纯净空间。找到首先浮现的想法，看看这个想法此刻是否是真的。并且，愿意找到隐藏在第一个想法下面的其他想法，这些想法实际上是阻碍你或他们清晰并向前的力量。或许有一个更大的画面，还不能被很好地理解。如果是这样，放松并明白此刻还不是作出选择的时候。如果你或他们做不到，不要评判自己。放松，让它成为探索的旅程。

当你教练某人作出进化选择时，对他们而言似乎是一个巨大的责任、义务或负担。但事实是，在进化范式中，每件事的发生都是轻松、优雅、同步和有趣的。这就像宇宙也来支持你梦想成真。你需要为自己和所教练的人留心捕捉任何旧的思维模式，因为这会限制和阻止新事物成真的流动，并且它们在生命进化中并不适用。

体验式实践：去应用

● 把自己放在一个只为自己做事的空间。想两个你目前面临的选择，然后选择一个。可以是简单的选择，比如下一个电视节目的选择。选择这个的原因只是**你**想要，没有其他原因。接下来就这样做（按你的选择行事），看看会发生什么。

● 设定意愿，通过你的下一个选择来进化生命。现在还是用第一个例子中同样的选择，从这个视角感受你的这些选择会有什么不同。从进化视角探索现有的洞察并作出有意识的选择——超越你自己想要的——考虑到此刻什么能够绽放和进化生命。再一次根据你的选择采取行动，看看会发生什么。结果是否会和你只是为了自己而作出选择有所不同？如果是，有什么不同，以及为什么不同。

● 找到愿意和你一起练习清晰和有意识选择的人，和他们一起实践。教练某人作出有意识的进化选择，看看你和他们在共舞中有什么发现。

● 继续练习你自己的有意识选择，留意什么会影响这些选择并为其提供动力。为了生命和所有人的进化作出有意识的选择，在进化范式中玩耍。探索这样做会给你带来多少奇妙！

突破

本章目的是让你为可能性、潜能、激情和愿景作出有意识的选择和有意识地实现它们。我们的意图是超越混沌和困惑的思考过程，做到发现清晰和有意识的创造。为什么这点如此重要？当"生命发生在他们身上"时，人们通常会感觉困惑和迷惑。他们倾向于将挑战的情境看作复杂或困难。在本章，我们讲述了如何唤醒清晰，这样就能教练我们自己和他人作出精彩的、有意识的和进化的选择。进化选择会和新的力量、兴奋感以及行动一起发生，这些在我们单纯为了自己而进行选择时是不会发生的。因为有意识的选择来自并且为了我们生命整体范式（充满能量的现实）的进化。本章的突破是创造新范式，在新范式中选择及其随后的行动的特质是被宇宙以及**全体**所支持的——在这里**全体**的能量能够为我们所用。

准备好与之共舞

●**同频与同步**——对生命和进化作出有意识的选择，更有力地支持意图的实现。在这种范式中，选择最初会以更多可选项（可能性）的方式出现，可能看起来显得更复杂。其实，是你正在感知到更多新的可能性，这会完全支持你设定更有意识的意图。借由同频、同步，以及与他人同频共振的吸引，你会发现一些新的梦想成真的方法，这些可能是你从未想过的。真正的关键是，找到一种与事物实际完成方式分离的感觉，是一种完全感知到能够实现它的强烈意图。

●**加速改变**——在这种新范式中，你今天的选择会改变明天——这就是进化的本质。每件事都在加速并且会在最短时间内完成。愿意彻底地以新的方式去生活，允许每件事以它的轻松、优雅和迅速让你感到震憾和吃惊。

第五章　教练平衡与流动

◎ **本章意图**

- 进入深度合一与平衡的状态，处在与创造共舞的流动状态
- 在进化范式中重新定义平衡与流动，成为平衡与流动的源头，而非只是随波逐流

◎ **深刻潜能**

- 从静态、线性的平衡转变到动态、有活力、灵活和流动的平衡
- 寻找和探究改变、创造与进化的律动，满心欢喜地驾驭它们

◎ **核心要点**

- **定义新的流动和流动性平衡**——感觉我们已知的平衡和正在创造的流动与流动性平衡之间的不同
- **找到这种新状态**——与之联结并沉浸其中，随后探索流动的动态平衡
- **教练探索的兴奋感**——帮助他人感觉到这个空间带来的深刻、美丽与灵感

- **允许和促发**——理解这二者的不同，并知道各自在何时适用
- **调频并成为**——进入生命想要成为的样子，成为**生命**本身并实现它
- **与变化、创造和进化的浪潮同行**——从可能性的海洋中唤醒它们并驾驭它们、成为它们

探究性讨论

1. 平衡、流动和创造是什么关系？

2. 你如何从"随波逐流"跨越到动态地成为创造性运动的本源？

3. 成为探索的兴奋感，感觉如何？

4. 成为你的愿景的源头、创造者、领导者和拥护者，你准备好了吗？

5. 对于此刻要通过你实现的更大、更深刻和更丰富的事物，你保持开放吗？

6. 驾驭进化的浪潮，感觉如何？

核心内容

定义新的流动和流动性平衡

我们来看三种不同的范式。

第一种，我们称为 3D，在这种范式中，你被推来推去并且经常被甩出中心（即失衡）。

第二种，我们称为中间范式，当你开始向更高的意义打开、探索发现联结并跟随它流动时就会经历这种模式。这是个很棒的阶段，但与第三种范式相比，这种范式仍然是比较消极和停滞不前的。

第三种，我们称为进化范式，当你成为此刻想要发生的一切的源头和驱动力的时候，就会进入这种范式。你扩展到超越自我，与一切形成广阔的联结，在那里你能够唤起改变、创造和进化的浪潮。在进化范式中，会产生流动的、动态的平衡。

找到这种新状态

在新范式中，你创造出当下想要发生的活动。你成为它的源头和创造者。你绝不仅仅是在它的浪潮中跟随的过客。

在新范式中，你是流动的、令人兴奋的动态活动的一个重要组成部分，并且你学着在这个活动中找到自己的平衡。正是这个活动中的流动和平衡让你可以去溯源、创造和进化你此刻想要的东西。

一旦你进入了那种动态、流动、平衡之中，你会发现自己变得更宏大、更深刻、与万物有更多的联结。你绝不仅仅是你自己,你和正在发生的每件事都有了关联。你和整体以及和想要发生的一切都是联结在一起的。你正在进入更强大的能量,并且会发现一种动态的相互影响,这比简单驾驭那个浪潮或跟随它的流动强大得多。

练习

流动的动态平衡发生在进化范式中,你通过扩展进入这种状态。在扩展的空间里,你会发现自己和生命、自然、宇宙、神、源头、造物主、任何你愿意称呼的宇宙力量建立了联结。

● **超越"顺其自然"**——扩展到**全体**的位置,然后允许你的激情与创造性的、此刻想要发生的激情相遇。当这两种激情相遇,就会创造出一种律动,新事物就会形成。这种联结层次让这一切成为可能,意味着超越个体的你,感觉到你与想要发生的事物的联结。当我们教练人们了解他们的联结层级时,他们就能够与此刻想要发生的事物建立联系,并且和它形成动态的伙伴关系,从而发现、发起和创造自己的激情波浪。

● **在进化范式里冲浪**——在进化范式里冲浪需要保持有活力的平衡。你必须待在与激情的关系中,激情会为这个活动提供燃料;同时,你要继续与此刻想要发生的事物建立动态的流动的伙伴关系,与之共舞。当能量自由流经你的时候,驾驭它。这就是我们所说的流动的平衡和均衡。不只是让能量流经你,你必须学会让这些流经你的能量与其他影响你和这个流动调频的能量之间保持平衡。扩展并允许能量流动,但不仅仅是成为它的管道,而是作为它的管家、拥护者、伙伴、源头和创造者。你的职责是保持能量的流动,对能量的流动有觉察,持续地为它注入源头活水并实现它,直到你对自己在这个过程中发挥的作用感到满意为止。

● **成为那个力量**——大多数人面对激情是舒适的,但经常会主动远离力量，因为在旧有范式里，力量意味着控制和支配。在中间范式里，力量暗指某些你正在试图理解并与之建立关联的外在事物。在进化范式中，你就是创造的力量，能够让它自我实现。你成了生命的源头和创造者。管理新的力量的感觉就像坠入爱河。当你拥抱你所热爱的，并且与你充满热情的事物同频共振，力量就会流经你。在进化范式里，真实力量的管理者们会发现他们对生命是挚爱的，这会显化在他们所做的每件事情上。这会驱动他们的行动、愿景并将可能性变为现实。这就是真正的力量。真正的力量是生命所需，而非个人所愿。你对它会有一种确定的感觉。它是一种强有力的优雅——它不会拉扯——然而它又是难以置信地充满活力、朝气蓬勃，时刻在进行创造。

●**教练流动的动态平衡**——向他们展示如何：

·进入扩展状态；

·和想要发生的事物建立联系；

·让他们的激情与想要发生的激情调频一致；

·成为自由流经他们的能量运动的源头；

·让这个能量与所有需要的力量和联结保持一致，以保证它持续地向着实现目标的方向移动。

教练探索的兴奋感

在进化范式探索的兴奋状态里，你就成了探索的兴奋感本身。当你成为它，你就会忘记你面前的生活。但是，如果你正在教练的人没有进入探索的兴奋状态怎么办？你能为此做些什么？你进入进化范式，进入它提供的兴奋空间，然后将这种状态传递给你正在教练的人，邀请他们进入这种状态。不是去迎合客户的状态，而是邀请他们踏上兴奋的探索之旅，让他们感受到这个空间带来的奥秘、美丽和灵感。

练习

● **问开放式的流动的问题**——为了帮助某人进入探索的兴奋状态，可以问一些开放式的流动的问题，例如：

你愿意活出非同寻常的人生吗？那看起来是什么样的？

你希望在你做的所有事情上找到快乐和活力吗？

你愿意创造自己的路径吗？

你愿意每时每刻都重新定义生命吗？

你愿意把生命活成一部创作剧吗？

你有必要帮助他们了解，在这种范式中，探索的过程会以不同的方式发生。它是有趣的，需要当下的轻盈感。你可能需要重塑他们对于探索的看法，从可怕的或严肃的，转变为有趣的、热情的和深刻的。

允许和促发

允许更富有支持性（你把自己的能量注入这个波浪的流动中），而促发更富有领导性（你就是驱动和推动它的能量）。促发是当你有了一个大的愿景，你希望从那里开始的地方。

允许是比较被动、放松的状态，在这种状态下，你只是随波逐流。在这种状态下，你会非常关注运动的情况，并跟随它一起移动。促发更多的是你发起运动，然后你驾驭它、管理它并支持它。和允许它不同，促发是去拥有它。你有责任为它助力并实现它。

何时适合使用允许和促发？有些时候，无论如何事情都要发生，你不能成为它的阻碍。这种情况下，最好是顺其自然。任何你以它的名义努力去做的事情，看起来遇到了阻碍时，你就可以通过感觉知道自己阻碍了它的发生。这就是召唤你去允许、顺其自然。当促发某事的时候，是你让它发生。你就像驱动它积极运转的呼吸，促使它非常容易、优雅和有力量地实现。此外，在促发的过程中，有些时刻你也会允许事情发生的。你会知道何时应该促发，何时应该允许。你就是驱动它的那个愿景，所以你和它的活动是完全同频的。

练习

● **教练允许和促发**——首先确定你正在教练的这个人，他对自己的愿景或项目的意愿水平。看他们是否愿意成为它的源头、创造者、领导者和支持者。如果愿意，就帮助他们通过呼吸，把它的能量呼出到周围的空气中去实现它。如果不愿意，就找到他们在这个项目中的角色，让他们和这个项目建立联结，决定他们下一步想要和它一起以及为它做些什么。

调频并成为

如何与想要发生的事物调频？以及，如何使之与我们自己的激情和愿景调频一致？要知道，让生命真正运动的不是你或我想要什么，而是什么想要发生。

当我们只是和自己的个人激情与愿景合一时，我们就可能与那些想要经由我们去实现的事物不同频。当没有流动的时候，实际上是我们没有与愿景真正的活动同频共振。重要的是，如果遇到了这个抗拒点，你要向此刻想要经由你去实现的那些更大、更深刻和更宏伟的事物打开。在进化范式中，时刻愿意进化那些该由你负责的事情，这一点非常重要。为什么？因为这个运动创造的能量，就是实现你的愿景的动力源泉。这是真正发挥作用以及你真正推动事情前进的关键。

在旧范式中，你有了一个愿景，然后决定如何实现它。在进化范式中，你成为这个愿景，在实现它的过程中与之共舞并且作为能量来源。合一就会在这里产生……你让自己和正在流经的能量所具有的力量合一。

通过成为生命本身并实现它的方式，你可以将这种合一带入更大的层级。当你超越自我，与任何事物合一时，你就从个人能量场步入了一个更宏大、更宽广的能量源，它是经由自我流动、运动、舞动而实现的。这是新的力量源泉，在这里事情会真正更快速且容易地完成。

与变化、创造和进化的浪潮同行

在进化范式中，你不只是乘着能量的浪潮前行。在它们启动和实现的过程中，你是它们的源头并创造了它们。这是从允许到创造、从对齐到成为的彻底性的转变。你就是源头，没有你，这浪潮可能并不会形成。你引发了它朝向实现的运动，你管理着它与最终实现它相关的人物、地点、项目、组织和意识的联结。如果用冲浪者来作类比，你不只是等待一个好的浪潮的到来，实际上你要从可能性的海洋中召唤它并和它一起创造现实。

浪潮有不同的大小、频率和力度。

• 变化的浪潮是比较小的、不费力的和间断性的浪潮。就像你刚开始学习冲浪时，会选择比较小的浪去练习。

• 创造的浪潮更加激昂并且有更多泡沫。它们蕴含着更多的力量，当有全新的事物涌现，它们就会将这些兴奋的事物拍击上岸。

• 进化的浪潮更加巨大、强有力和充满确定性。它们有一种更加独特的运动方式。它们不是分散的；它们带着坚定的保证直冲上岸，说："真正的生命来啦！"在这种完整的伙伴关系中，老练的冲浪者（创造者）将他们的生命投入到浪潮中。冲浪者**就是**浪潮，浪潮**就是**冲浪者。

练习

●**与浪潮同行**——有时候你会召唤一个浪潮，但是它可能很快退去，以至你会认为它应该或者并没有来到你面前。当发生这样的事情，询问一下：这是此刻想要发生的还是我想要的？另外要问一个重要的问题是：我此刻是否完全和这个浪潮中我的部分在一起？浪潮来源于此刻想要成为的样子，有时候你和它们只需要一个简单的呼吸就可以完成。不要指望进化的浪潮会像变化的浪潮那样运作。它们有自己的想法，并且会以一种全新的进化现实的范式发生。换句话说，变化可能是缓慢并且花费时间的，而进化不需要。它可能发生在眨眼之间，并且生命将永远被颠覆。这就是源头进化的乐趣所在。浸入并潜入到创造的浪潮中，就像真的浪潮一样。它们并非总是越来越强，有时会有停息或静默的瞬间，这是在为下一个运动集聚动力。当发生这样的情况时，调频去看一下，此刻是否需要允许，和它待在那里，不要强迫下一步发生得太快。请留意，在动力形成前的这个静默时刻，对它最终的完美呈现至关重要。

体验式实践：去应用

●想象自己在冲浪，体会一下是怎样的感觉。把这波浪的力量在你的内在进行同化。与它共同运动，这会带给你一种与这充满能量的力量联结在一起的感觉。

●选择一个你目前正在为之努力的愿景，看看你是如何与它合一的。这是你想要的吗？其他人想要什么，或者什么想要发生？看看你是否能从你想要的，过渡到感知什么想要和你在一起。如果感觉正确，现在就促成这个合一，并且体会成为愿景的感受如何。如果感觉如此正确，以至你想让它更持久，那就与其同行并成为这个愿景。从愿景的视角看看此刻接下来想要发生什么。这种合一的方式将为你的项目和愿景带来更多的流动和动力。

● 在教练中，留意你的客户是在和想要发生的事物还是自己想要的事物合一或共同流动。审视症结所在，运用这种和想要发生的事物合一的方式让他们与卡点分离，让他们回到此刻想要发生的动态流动中。

● 探索你自己的和客户的各种选择中能量的变动。在每个当下感觉如何？波浪在上升还是下沉？作为波浪的源头、创造者和伙伴，在你们的关系中感觉正确的是去做些什么？

突破

想一下，过去当我们以静止和被动的方式与平衡和流动进行联结时的样子。你是和已经发生的、已经在移动的事物在一起。旧范式中的平衡意味着你是与已经发生或正在发生的事物合一。再想一下像冲浪一样的中间范式，你在驾驭已经存在的浪潮。现在，在进化范式里，你就是召唤波浪形成，并且在你和它进化的过程中与之共舞的人。但你并没有将自己的意愿强加给这个浪潮，而是你抵达巨大的可能性的海洋，召唤潜能的浪潮形成并实现，与之共舞。这里的突破是：超越自我，真正成为此刻想要发生的事物的源头和创造者，并进化它。

第六章　通过本质教练同频

本章意图

- 学习如何使自己和他人与本质（essence）、激情，以及将要发生的事物同频

- 探索与纯净透彻的生命空间保持同频

深刻潜能

- 让同频成为一种自然的存在状态

核心要点

- **打开到同频状态并探索你的本质**——联结你内在的能量，并感知其流动

- **教练同频和共振（resonance）**——以你的本质会见并尊重他们的本质

- **与想要发生的事物保持一致性**——允许**整体的**能量全然地流经你

⊚ 探究性讨论

1. 你是否感到与自己同频？如果不是，哪些部分你觉得没有同频？

2. 你如何体验到他人的本质？

3. 当下灵动心智想要发生什么？

核心内容

打开到同频状态，探索你的本质
——联结你内在的能量，并感知其流动

同频就是活出你的本质。你是谁会随岁月变迁而改变，但是你的本质会保持稳定不变。

什么是本质（essence）？字典中的定义是"任何事物拥有的内在独特性，或者，让任何事物成为其所是的那些品质"。如果从更多精神（spiritual）层面表达，本质将是你灵魂某一个面向的独特呈现。它是你之所以独特的要素，是纯然的你，是你的印记。每一个人都拥有与他人不同的独特本质。

一旦你掌握了自己的本质，一旦你感知到自己的能量流动，一切都将同频，回归到其所应在的位置。你将与你自己、你的潜能、你的宏愿调频一致。伫立于完整和纯粹的本质中，你将激情四溢地舞动，强而有力地投入你所做的一切，因为你的本质在引领你起舞。

活在与你的本质保持一致的状态，将创造一个纯净、真实的空间，让来自源头的能量能够流经你，并通过你得到充分的释放。在如此充满活力和澄明的状态之中带来真实性、完整性和勇气。

一致性是活出整体性和全息性。当你如实地面对自己、他人、周遭环境，以及一切，你就在一致性中了。

一致性是一种充满活力的体验，宛如所有的限制消失了，所有的能量都在运作、流淌、舞动，进入完整的你。你发现自己是那股创造能量的源头，轻盈和丰盛伴随着这股涌动的创造力流经你。

调频对齐使你从日常的身心经验中迈出去，活出灵动的身心体验。在这个一致性的、全息的创造性空间，你会感受到真的太美妙了！一切都处于活力四射的流动状态。但是，当你的意识选择或者意识活动没有与真实的你同频，或是没有顺流这股能量，你将开始感觉不舒服。因为你和这股能量没有同步，这股能量无法再流经你。

练习

● **打开到同频状态**——身体直立，双肩展开，双脚分开。呼吸，放松，延展。真正地，回归到你的本质。本质不是你的一部分，它是你的全部。这些部分只是你的本质展现自身的各种各样的表达。让你成为整体，允许你的本质所呈现的所有面向进入一种有韵律的共舞，彼此之间同频共振。感受整体的你当下的临在。让你的感受由内而外拓展延伸。允许内在的你流经你，并围绕着你。为了安全存活于这个严酷的外部世界，绝大多数人把灵魂塞在内心一个微小的空间。但是，这种受限的内在核心无法让充满激情和愿景的能量流动。当你释放自己的灵魂进入灵动的现实之中，你拓展延伸了你的内在核心，创造了一个空间让流动的能量经由你流淌。此时，你自然而然地调频保持一致，因为你有一个更大的核心，你的全部，甚至更多，能够经由这个空间流动起来。

● **重新调频自身**——假设外部世界的一些事件的发生让你失去了调频一致的状态。呼吸，放松，拓展、延伸，允许内在的核心再次延展，贯穿并环绕你。觉察身体的哪些部分能量没有流动。一旦你找到那个点，用手指像点穴按摩一样轻柔地按揉那个点，就只是允许那个阻碍能量流动的念头浮现出来。不要去评判那个念头，无论那个念头多么愚蠢或是看上去不可理喻，就让那个念头浮现。一旦这个念头呈现在了你的面前，观察它，看它是否真实。如果是真实的，请你作一个有意识的选择让你自身与其同频。如果不是真实的，重一点指压那个压力点，允许能量释放，让那股能量穿越过去就好像一排浪尖最后扑洒在沙滩上。不要再给它喂养更多的能量。找到一个可替换的信念，让它能够给你赋能，并能够让你自身调频与其保持一致性。

从这个空间，从更深刻、更宏大的视角探寻理解这个事件以及为什么发生。相比思索那些发生的外部事件让你失去了流动，更重要的是更全面地理解发生了什么，以及你为什么创造了它，放下反应机制，取而代之的是学习、成长、进化。看看你现在是否可以感受到你的能量在周围自由地流动并流经你。

●**探索你的本质**——你的激情是线索。你的本质显化在你所有热爱做的事情上。观察你的激情，看看它们有什么共同点。观察什么驾驭着你的激情，它们的源头是什么，你会发现一幅万花筒似的拼图组成了你的本质。例如，某个人的激情可能是创作音乐、绘画，他总是寻求最新的令人振奋的发现。他的本质可能就是创造本身。这就囊括了他们是谁，以及他们所做的一切。另外一个例子，某个人的激情是学习新东西，把灵魂带入商业，支持他人成为他们所能成为的一切。这个人的本质可以是进化本身。同样，这就囊括了他们是谁，以及他们所做的一切。敞开你的灵魂（如果它还没有释放出来，敞开你的内心），尝试去感知、感受、了知你的本质。允许那股能量与你同在。充分吸入你的本质，并将它和你自己鲜活地表达出来！

教练调频和共振

当你与自己的本质共存时，与他人同频共振是轻而易举的事。能够阻碍我们与他人调频对齐和同频共振的只有我们对自己是谁的定义。

在本质的层面上，我们已然与他人同频共振、协调一致。为什么？因为我们就是万花筒本身。所有的本质组合成了一幅关于整体的美丽的全息画面。

一旦你发现了这一点，你无须做什么，只要深呼吸并感恩这个令人愉悦的发现时刻。

什么是共振？共振是你所在的振动频率和他人的振频相遇并协调一致。当没有产生共振，甚至失调，你会感觉不舒服，甚至会有参差不齐的感觉。同频共振会让人感觉良好，像是两个人在唱同一首歌，允许不同的和声彼此完美地融合在一起。你与完整性的感觉同频共舞，将它表达出来。

共振会创造自动的调频校准。当你与他人产生了共振，你们自然会在一个很深之处彼此自然联结。你们建立了心—灵的联结，你的本质遇见并且尊重他人的本质。

练习

● **发现他人的本质**——呼吸，临在。但不是普通的鼻吸鼻呼，而是仿佛闻到了世界上最芬芳的花香一样。你正体验这芬芳，让呼吸流经你全身每一个部分、每一个细胞、每一份存在。以你的整体来呼吸，通过深自源头的呼吸去联结对方的本质。发现本质是一件令人喜悦的事。了知到你是谁以及别人是谁，是一种深刻的体验。

● **同频他人**——当你教练客户的时候，要点是与之同频共振。你可以通过与他们的意图和潜能调频与之对齐。当你把自己的频率调整到他们的潜能频率的时候，你们俩就可以进入共舞的状态。通过全然的打开和积极聆听他们的所有可能性，你为客户创造了一个体验自我的空间。在有些情况下，另一个人或情境没有产生同频共振时，需要你有更强的意图并采取行动进行校准对齐。看一下你是不是有评判他们。评判会妨碍同频。当某人觉得和你不对拍的时候，你要超越这种情况，去感知是什么让这个人和你在一起？这一刻的学习、成长和纯粹潜能是什么？这并不是说你们必须在一起共同努力才能够实现这样的潜能。你只需要认出你们共创的礼物是什么，然后让它得以实现。然后，如果你想，就可以接着做其他事情了。一旦你识别出他的潜能，你不必继续和他一起工作。

调频和想要发生的事物保持一致

当你和你想要的一起工作的时候，你是在和自己的头脑一起工作，你在你的头脑里。当你与**什么想要经由你发生**同频的时候，事实上你同频的是你的**灵动心智**。此时的发生将让你的内在核心指数级地扩展延伸，你与之同频的整体之流全然顺畅地流经你。这是真正的能量状态、创造力和流动，它轻松、从容、深刻地推动所有事物进入**玩乐**的层级。

练习

●**与整体同频**——从头脑中把你认为你想要什么的能量转化成灵动心智的能量，感受"当下什么想要发生"。问自己一个问题："当下什么想要发生？"准备感受整体的能量流经你。这个问题为能量创造了一个流动的空间，启动能量的流动。下一步只需让你和你的被教练者自由地共舞就可以了……

体验式实践：去应用

●在接下来的几天里，观察你有没有和你自己、和他人、和你的本质，以及什么希望经由你发生保持同频。如果你觉得没有同频，尝试寻找一些巧妙的新方法让自己重新调频。

突破

与自己、他人、本质和生命同频，这将为你注入从未体验过的能量源泉。这股能量为创造力提供源源不断的燃料。本章的突破是发现在任何时刻同频共振都是轻而易举的选择。你可以作出有意识的选择，经由这个选择，联结就会发生，能量开始流动。

第七章 教练创造

🎯 本章意图

- 发现生命是一场伟大的创造活动

- 在你做的每一件事中寻找创新点

- 能够和他人一起并且为了他们教练创造的话题

🎯 深刻潜能

- 将创造融入生活、教练和工作，释放强大的自由和能量。

🎯 核心要点

- **定义蜕变、创造、进化**——超越个体变化，迈入集体的巨大可能性（mega-possibility）

- **选择你想成为谁**——重塑你对人类的看法

- **跨越**——相信不可能是可能的

- **教练创造**——联结我们所有人的可能性

- **聚集能量、快速变形和即时推进**——打开一个充满活力的奇迹空间

🌀 探究性讨论

1. 任何人都能进入创造状态吗？或者只有天生具有创造力的人才能做到？

2. 你的所有能力和可能性取决于你出生时被赋予的吗？是否一切在你出生时就早已命中注定？

3. 有什么是不可能的吗？有什么限制了可能性吗？

4. 当你期待奇迹的时候会发生什么？

5. 假设你是所有创造的源头，会怎样？你将在人类进化的过程中加入什么，引领我们所有人突破？

核心内容

界定蜕变、创造和进化

改变通常是一步接一步的，是线性的。我们从"是什么"开始朝向"我们认为它会成为什么"的方向迈进。改变几乎不需要可能性。改变只是往前或向新的方向迈了几步。改变往往是缓慢的，甚至有时带来挑战。因为我们的文化对改变有相当程度的抗拒。无论我们喜不喜欢，万事万物每时每刻都在变化，但是在一个封闭式的能量系统里我们会耗散大量的能量竭尽全力拒绝改变。由于我们的头脑和心灵是封闭的，所以我们每个人拥有的独立完整的能量系统无法真正地支持到我们。随着我们置身于进化范式，一切都在发生变化。我们不仅需要寻求变化，还要参与**巨大的可能性**（mega-possibility）。在开放的能量系统中，我们与"变化"激情共舞，共同探索生命的神奇进程。

蜕变是从"是什么"转化成为"能够成为什么"。例如毛毛虫蜕变成蝴蝶，看似生命的奇迹，然而毛毛虫的进化早就写在它的生命蓝图之中了。蜕变的发生比变革更优雅。为什么？因为更少的阻抗。它是从一种状态到另外一种状态的自然演进。在蜕变中，你无须强迫任何人任何事。时机来到，蜕变在它想发生的时候就发生了。任何时候都存在蜕变的时机。

创造，始于从一块白板创造一个崭新的形象。创造从本源开始，是来自灵魂和整体的一个更深邃、更深刻的进程。创造是整体的你进入**灵动心智**，探索令人惊叹，奇妙地进入全新状态。你不只是让创造力流经的管道或者说是载体，事实上你成了创造和源头本身。

重塑和创造是不同的活动，对于我们在进化范式中的教练了解两者的差异很重要。重塑带来变革和蜕变，重塑的新生事物是已经存在的。它的本质保持不变，只是在某种程度上本质被强化或有不同的塑形。

为什么你希望创造而非重塑呢？因为重塑是基于已有的事物，如果你希望赋予某人真正存在、发展和进化的自由，你所能提供的最好的东西就是超越他们想象的方式成长的自由。我们的心理文化会让我们相信我们是这一生经验的总和。从能量的视角，我们认知到，我们远远不止于此。我们渴望的所有的学习、智慧、能力和可能性，所有一切都存在于我们的能量中，就在此时此地。

假如实际上我们并不是一堆品质、能力、习惯、概念、信念等的组合，那会怎样？假如我们的生命真的是一块白板，每时每刻都在等待生命的书写，又会怎样？想象一下这种自由：今日的你不必依然是昨日睡去时的那个你。以创造为起点和目标的教练，赋予人们自由，让人们真正成为他们梦寐以求的自己。

想象从"整体"创造一切的可能性，从创造本身去创造，从想成为什么去创造。想象创造与你同行，将一些全新的能量强有力地带入你的状态，让过去和现在的你消失，开启一个全新的你。这是鲜活地、强而有力地让人们完全地创造全新的自己。它让我们惊喜地感受到自由的可能性迎面而来。这样，创造具有一种自然的韵律，并具有它自身的动力。

进化，是你选择某个事物推进它远远超越其过去、现在和未来可能有的境界，甚至不在其可以预知的范畴——它在某个超越之地静待。当你选择了进化之道，你的巨大跨跃将超越你所想。但是你不仅是在做一件事情，也不是处在某个单一的状态。进化的你是在**整体**层面上工作，你把整体推高至一个全新的境界。当你和进化同在，成为进化，为进化而工作时，在你的创造空间里一切都可以改变。你所为之进化的，从整体出发为了整体（wholeness），从全体出发为了全体（All–ness）。

当然，问题随之而来："我怎么能知道我正在为全体做的事情是正确的？我怎么能确定我引领整体进化的方向是正确的？"

在进化范式中这些问题很容易回答——事实上，一旦你在那里，你就再不可能退出。你轻而易举就会知道要做什么。你将超越你自身、你的头脑，你与灵动心智一起，充满了生命活力。在那个层级，你的运作与生命本源一起，你完全知道你需要做什么。事实上，在那个空间你不可能做错任何事情。你和生命本源联结，并且为了生命，你和生命本源共同工作，在这个层级的你所做的任何事情怎么可能会伤害你的生命呢？

变革、蜕变和创造往往发生在个体身上，尽管创造可以是为了整体而为。但是进化总是集体性的，即使你只是在帮助一个人。为了获得进化式发展，你和客户成为一个整体，一切都将发挥非凡的作用。

练习

●**从一张白纸开始**——假设你刚刚出生。在这之前你什么都没经历过。你是一个新生的婴儿，甚至不是一个人类的新生婴儿，一个在此时此刻融合了我们所有一切可能的新生命体。当你崭新成形的一刻到来，观察你是如何创造和进化的。

我们是谁取决于我们的选择

我们是谁取决于我们的选择。在这个信念里蕴含着真正的自由。它是打开一切的钥匙。我们是灵和魂，是诞生和创造，是星系和宇宙，是古老的智慧和现代的智慧，我们从自己过去、现在和未来的版本中学习，探索全部现在是、可以是和将会是的东西。从这个层面，一切皆有可能！当你相信这一点，并且支持你的客户认知此真相，整个宇宙都将在你的掌握之中 。你真的可以在任何时刻成为你选择成为的人。

这个信念将开始重塑你对人类的视角。你只是一个有物理身体特质的人吗？或者你是与宇宙共舞的生命？我们物质层面的身体只是我们真正的自己和可以成为的那个自己的很微小的一部分。我们远远超越我们的物质身体，但是物质身体将我们的全部愉悦地联结在了一起。在物质身体中联结到创造的自由是一种无与伦比的美妙。

假如一个人害羞，他是天生如此，还是在生活中经历了一系列的事情之后才变成这样？这个经历是不是养成了一个习惯，然后形成了一个自我设限的信念？害羞是不是一种品质？害羞的人是否可以自我练习养成一个习惯，当一遇到害羞的时候就学习呼吸，放松、拓展，然后奇迹发生了，他们就不再害羞了？你能够看到吗，正是这种充满能量的观点，让我们可以自由创造一个全新的自己？

如果你相信没有什么是恒常不变的，一切皆有可能，那你就可以在一个纯净的空间成为所有你想成为的，甚至更多。我们拥有无限创造潜能，我们拥有无限可能性。

练习

●**与你的本质一起玩耍**——描述一下在上一章你体验到的你的本质。它现在还是你的选择吗？如果可以加一点什么，你会加什么？还是你会选择全部清空，重新开始？现在你想选择成为什么样的人？你想要在全新的你之中加入什么品质、特质、才智？拓展进入可能性的能量之中，允许你在能量之中感知自己所想成为的样子……

●**召唤新能量**——选择一种对你来说不是自然而然的品质，但是你非常渴望拥有这种品质。在你面前的空间里创造这种品质的能量。让这种能量呈现出来，然后你步入这个空间的能量场，感觉它，体验它，成为它，拥有它，创造一个最新的你。现在你的感受如何？这有多么容易实现？当你选择成为这样一种全新的品质，观察你现在的生活会发生哪些变化。

跨越：让不可能成为可能

在进化范式里不存在"不可能"这个词，任何时刻只要我们是在进化范式中，我们始终与纯粹潜能和巨大可能性（mega possibilities）保持联结。"不可能"只是来自我们的限制性视角。如果你能够全然地相信你是具有无限可能性的，任何不可能都是可能的，你将从心智跨越到灵动心智，然后你生命中的所有奇迹都会显化，支持你梦想成真。

想想看，"现状"可以从根本上瞬间改变、发展、蜕变、进化，超越我们之前的想象。运用你的想象力。这是有史以来最伟大的创造力工具。绕开你头脑的逻辑思维，你和任何人都可以轻而易举地进入纯粹的创造力空间。实际上那是创造力的自我实现！你的所思所想所信成了现实。如果你在迈出下一步时卡住了，想象你已经迈出了一步，看看这是什么感觉。事实上你将会迈出这一步。你的想象力允许你绕开头脑逻辑的阻抗进入创造力的世界。在此，你可以有意识地作出一个选择，是否永久地待在这个纯净的空间。一旦你想象什么，它就很容易地出现在你的能量场中。

想象力让不可能成为可能。我们称之为化所有的可能性和潜能为现实。我们伟大的创造者和天才们都知道这一点，并且由此处进行创造。他们不是活在曾经是什么或者现在是什么的被定义之中，他们始终活在各种可能性的边缘。他们是生命及其所有宏大可能性的共创者。你也可以做到。我们相信这种自由的跨越和所有可能性，任何人、事物都可轻松获得，并且当下比任何时候都更加容易实现。

在旧的封闭状态中，人类以身体的形式存在，人们的意识与自身的关系，与他人的关系，与世界的关系可能不超过一两英尺。如果我们是自我封闭的，如何能够联结到创造力、潜能和可能性呢？在过去的十年，我们人类系统的蓝图进入了一个开放的能量系统。我们的心和头脑可以打开成为灵动心智，允许我们进入整合的精神、更高层级、更宏大的能量，激情、愿景、能力、品质、智慧等更多的能量。

在进化范式中，你将承诺始终致力于进化，并进化你自己。因此，在任何时候创造一个全新的你是再自然不过和流动的事情了。这几乎没有什么阻抗，因为你始终可以看到创造产生的全部价值、兴奋感和可能性。事实上你开始探求它。

你需要知道的一切都可以在**灵动心智**中获得。无须等到万事俱备才开始去做一些现在看来不可能的事情。在灵动的智慧中，你可以毫不费力地、流畅地获得一切。再次强调，你无须等到你准备好一切你认为需要的能力才开始。相反，你只需要跃入不可能之中，完成这项工作的所有能力会突然之间强有力地呈现在你面前——了知、智慧、先天感应力、心灵感应、超高速思维、超级创造力，还有更多！

你可能认为在你获得跨越之前必须有更多耐心和热情。真相是，你可以永远在这些品质上努力，除非你迈出了跃升的一步，否则只是改进，而未必能拥有它们。这些品质伴随着跨越而来。每个人都可以即刻在任何时间获得任何乃至所有的品质。这就是我们每时每刻都能重塑自我的意义所在。

我们不只是建议你一次又一次跃入看似不可能的事情中。我们其实是建议让跨越成为你存在的一种自然状态。假如你能够以超越想象的方式生活、思考和呼吸，会怎样？当整个生命充满灵动的活力会怎样？

练习

要跃入不可能，你必须自觉自愿地纵身跃下，同时准备好飘升进入无限可能性。

●**超越想象**——第一步——放下，至少在这一刻，放下所有的想法和顾虑，不去忧思什么是可能的，以及当你做完后会发生什么。

第二步——呼吸、放松、拓展，走出你的头脑，进入灵动的智慧空间，在那里所有的事情都是可能的，都可以成真。感受这个清新纯净的可能性空间。

第三步——成为无限可能性，体会那是怎样的感觉。从这个空间你是否可以看到：你可以相信任何事情都是可能的？

第四步——选择你现在正在做的某件事，一个想法，或者一个项目，或者一个愿景，把它放入这个纯粹、清净、透澈的包含所有可能性的空间，看当任由你自己坠入其中时你会发现些什么？

●**保持开放**——有些人很难停留在无限可能性的空间，因为他们在封闭和开放的能量系统之间游移。每一个个体在任何时候都可以选择他们的联结状态：封闭的或开放的，逻辑头脑或**灵动心智**，不可能或可能，受限的或者无限的，等等。这只不过是一个选择。是的，有时我们会发现自己被扔回到封闭的能量状态，通常我们没有觉知到，我们已经在这么做了。如果你意识到这正在发生，重新打开，重新联结到环绕我们左右的所有无限灵动的创造力。从这个开放和联结的空间，开启真正的变化！

教练创造力

绝大多数教练都会教练改变。在此提醒，改变意味着接受"现状"，让它朝着我们认为它能变成的样子前进。教练创造力是教练行业的一个根本性转变——我们将为所有被教练者以及我们自己带来深刻的巨变。

创造力和教练创造力只能产生于**灵动心智**。它们发生在巨大可能性能够自我实现的地方。为了把创造力变成一种存在的状态，你必须与生命共舞。

教练创造力需要改变以往依赖你的身体感官去引导、领导或推进的工作模式，乐意看到那些被教练者比你目之所见、耳之所闻的更多。这需要我们跃入未知世界，与你天生的感知力共舞——呼吸、了知、创造，使之发生质变，找出生命下一步需要做什么来推动向前。要乐于对从你的嘴巴或者别人的嘴巴里说出来的话感到惊讶。正是这个意愿让你进入了创造力的空间。当你期待魔法，你就有了魔法。当你对奇迹开放，你就得到了奇迹。

在这个教练对话过程中，对任何想要在此时此地实现的事物打开大门。你愿意创造多少，你就可以收获多少。当你乐于去看到和听到超越他们现状的东西，当你乐于超越他们现有的潜能，当你愿意激发灵魂自身的创造力，你就能真正地教练创造力和进化。

练习

● **以超越现况的视角看到你的客户**——从把这个人作为一个个体来对待，转变为了整体和所有人而去认识他们的所有可能性。了解客户拥有一套什么样的信念系统，这在多大程度上限制了他们的创造和进化。通过你看到他们以及与他们联结的方式，你在他们周围创造一个能量空间。你越放下对他们现况的判断，他们就拥有越多去成为什么的自由。这是一个巨大的能量转变。它提升了功率、振频、可能性和能量；当你自由跃入这个神奇的空间，一切变得唾手可得。

问"在这次教练中你在和谁联结？"是一直以来的他们，现在的他们，未来的他们，还是你和他们在此之前都从未曾想到过的他们？

问："现在想要发生什么？"对发生的可能性敞开怀抱。允许你的想象力自由翱翔。就是问这么一个简单的问题，在这场教练约谈中你将获得不一样的体验和不一样的教练成果。为什么？因为被教练者所能想到的并未包含所有的可能性。他们想要的东西很可能远远少于当下实际可以提供的东西。不要被他们想要的东西所纠缠而让教练约谈的可能性受到限制。在每次教练约谈的不同时点或未来的每次约谈中都可以问："现在想要发生什么?"你可以选择有意识地和他们一起这样做，或者你也可以在更高的意识频率上这么做。最好是每一次教练约谈的开始一起调频，看看**什么想要发生**，但是有可能你不必和每一位客户都这么做。只需要调频一致，可能性就能够召唤而至。然后，如果他们准备好了，无论你有没有说出来，它都将发生。

●**教练创造力**——教练创造力你必须从当下时刻开始，放弃一切来自过去的限制。如果需要，先和你的客户一起看到他们是如何受限于过去的，并且支持他们放下过去的限制。你这样做的时候是一种能量推动，无须很多的程序。其实，建议你不要以任何方式按流程处理问题。相反，将过去旧的限制性信念作为一种能量，与之联结并和他们一起把这股能量推进到可能性的空间。现在你可以从纯净、纯粹、开放的创造力空间开始。

第一步——问客户："假如从今天起你可以实现以往所有的抱负，甚至有更大的超越，会怎样? 假如你可以从零开始重塑自己又会发生什么?"

第二步——为他们创造一个炼金术的空间，让他们完全地重塑自己。想象有一个炼金炉在他们面前，问他们："从此刻开始，为了成为你想要的样子，你希望在这个炉里面放一些什么新配方?"（比如：勇气、胆识、诚实、开放、创造力、幽默、轻松、喜悦、活泼、深刻、深度、灵感、爱、赋能、超能力，等等）

第三步——为他们护持一个空间，让他们成为超乎想象的自己，同时你要成为创造力的催化剂。在某种程度上，你就是火花，你点亮了创造力的火焰，同时你也见证了创造力。你必须愿意在他们身上看到他们自己目前看不到的可能性。你有机会赋予每一个你的被教练者自由，让他们真正地成为他们想成为的一切!

●**教练进化**——这是关于推动你的客户从个人的创造力应用到全体，推动所有人的进化。

第一步——将你们共同创造的纯净的空间推进到一个超大空间（mega space）。换句话说，从你们个人相互作用的能量场转移到人类（甚至更大范围）相互作用的集体能量场。这里是奇迹真正发生的地方。

第二步——有意愿超越你自身和你的客户，联结到我们作为一个种族比以往任何时候都拥有的更大可能性。和你的客户在一起的时候，要愿意为每一个人转变一切。进入这种可能性的一个简单方式是要领悟到，当你在教练某一个人的时候，你其实在教练这个领域里的每一个人，并且能够让这次突破对它所触及的遍布全球的人发挥作用。只需简单地设定意图就能为这种能量转换创造适合的条件。

第三步——推动能量如其所愿地自然进化。可以这么说，这不只是把突破投入人类集体大熔炉。更重要的是，你和你的客户成为这个集体大熔炉，在这个能量空间里，你、你的客户以及所有人都会获得突破。当你愿意为人类进化而突破，你就步入了一个集体能量场，它涵盖全世界甚至更多。在这个更大的超大空间，实现突破实际上更容易达成，为什么？因为在此你可以获得更多由整体提供的能量为你所用，而不是单靠你和你的一个客户去努力让一些事情发生。

聚集能量，实现快速变形和即时推进

在高级教练训练中，你希望达到的新的境界，将远远超越以往教练的目标。你的教练将在最短时间内为个人和整体实现巨大飞跃。

不要满足于微小的进步。乐于让你做的每一件事完全地、彻底地重新创造人类以及一切的存在！乐于成为创造力的源头！

练习

●**教练快速变形和即时推进**——要做到这一点，你必须跳出线性时间之外，去思考和工作。你相信在此时此地为了全体实现巨大的跨越是可能的。基于这个信念和它所提供的能量空间，你可以做到以前认为不可能的事情。你可能发现想要立刻挪到自己坐的凳子边缘，甚至想立刻站起来，让巨大的突破从你内在迸发并且穿越你。可以说，这股宏大的能量让你处于高度敏锐的觉知状态！

体验式实践：去应用

●找一位客户、朋友或者家庭成员，和他们一起重塑全新的自我。一起饶有趣味地为生活、存在、玩耍和全体进化设计全新的方案。在创造力空间探索令人惊奇的变化。

●抽一天时间，想象你是创造力的源头，四处走走。观察你做的每一件事情和周遭发生的每一件事情。假设你可以挥舞一支魔法棒，噗的一声，一切生命瞬间变得灿烂美好。带着游戏的心态与其玩耍，看看在这个拓展延伸的空间场你可以创造出什么奇迹。这样的一天你的感受如何？关于成为创造力的源头你学习到了什么？

突破

突破是成为生命的设计师，以此教练他人实现同样的突破。这是新的进化范式，当我们身在其中，将充满神奇的变化。

第八章　教练灵动心智的能力

🔊 本章意图

- 走出头脑，进入灵动心智更加宏大广阔的智慧中
- 学着去流动，并和从联结空间获得的新能力共舞
- 在灵动心智中发现突破性的教练

🔊 深刻潜能

- 当跳出头脑的局限性，将发现我们拥有的神奇魔力
- 完全调频，拓展延伸，迈入灵动心智，将其整合为自然的方式，随时可以有意识地与其保持联结
- 能够在灵动心智的空间里与他人联结
- 发现我们不仅仅是进入灵动心智，我们更是灵动心智的本源

🔊 核心要点

- **走出头脑，进入灵动心智**——拓展延伸至无限潜能
- **在灵动心智中获取新能力**——直觉力、智慧、同理心、先天感应力、

心电感应、调频、了知、超高速思维、超级创造力

⊚ 探究性讨论

1. 在教练的过程中，你通常是融入在当下的教练状态中，还是你在努力想着要做些什么？当感知到你和客户建立了真正的联结，彼此沉浸在教练的流动和临在中，你觉得和别的时刻相比有什么不同？

2. 你是如何超越传统的五感去感知和联结的？当你运用这些能力的时候，能量会从哪里流动到哪里？

核心内容

走出头脑，进入灵动心智

在头脑里，能量更多是受到约束，有局限性，受禁锢的。所有的能量和思绪滞留在额头和脑袋里。但是当你进入灵动心智，你会有一种香槟被打开后气泡满溢的感觉——宛如烟花在空中绽放！——无限自由拓展。你成为全体，你超越了自己，但你仍然是你，只是比以往更丰富。

你可以按照你的意愿有意识地这么做，但是当你充满激情去做一件让你兴奋的事情的时候它会自动发生。你可以在那里与自己相遇而无须设定意图。流动的激情能量会带你去到那里。你的身体感觉轻盈和放松。你的能量获得提升，你拥有了活力和聪慧。你发现自己会说一些恰如其分的话来引发突破。你是否有过这样的经历，你说的话让你和你的被教练者深深为之动容并感到意外？这是你宏大而充满智慧的发声。这是真正的意义非凡的教练所在。

练习

●**加强与灵动心智的联结**——首先，感知当你处在头脑中的时候感觉是什么样子。观察并感知能量如何在头脑里流动。现在呼吸，放松，拓展，并进入完整的自我意识。然后拓展，超越自己，进入灵动心智。设定这样的意图，让自己自然地流动到那里。关注你的感觉是怎样的。通过呼吸打开心脏的上方胸腔部位。当你呼气的时候，感觉你的天线进入到高度敏锐的觉知，你的超级联结开始发挥作用了。

灵动心智能为我们带来什么？

在第一章，我们聊到一切都在灵动心智之中——全部的视角、洞见、可能性、潜能。关于当下，在你和客户之间希望发生什么，你设定意图从源头获得答案、洞见，或者解决方案。然后你允许"源头"信息呈现在你的面前。源头信息是这样的一种信息：当你找到它并且把它说出来的时候，其他一切就会开始充分地展开，在当下实现最大化的进展。

直觉——一种本能感觉——你不知道你是怎么知道的，你就是知道了。你可以在急需的时刻运用它，迅速获得答案或者即时的指引。这是我们天生的指导系统的一部分，但是很多年以来我们被教育忽视直觉。我们相信直觉是每个人天生拥有的能力，但是人们经常不愿意聆听直觉，甚至不愿意承认这个事实，因此重要的是当直觉来临的时候要选择去关注它。

智慧——来自我们请求获得更高层级的输入、视角或者潜能。智慧往往比直觉有更多物质性和内容。通常它们以更详细的方式显现（比如：文字、句子、符号、颜色、声音，或者一个完整的视频，等等）。当你希望获得深刻、丰富的理解时，运用智慧；当你想快速解决问题时，运用直觉。通常，智慧是关于我们向过去（古老智慧）学习，但是如果我们进入灵动心智的了知和理解状态，就有可能随时产生新智慧。

同理心——一种能够强烈地感知和体验另一个人情绪状态的能力。同理心会带来的困境之一就是你会很用力，以至把别人的情绪当成你自己的，通常你并没有意识到你已经在这么做了。当你运用同理心的时候，至关重要的是你需要留意自己的情绪，并与自己的情绪协调一致，这样才能将自己与他人的情绪进行区分。同理心感应来自身体的太阳神经丛部位，这里是情绪中心。如果你把这个感应能力向上移至心脏/前胸区域，它立刻就演变为先天感应力，它让你可以更多地了知**全部**的内涵和目的，同时让你的能量纯净（见下文）。

先天感应力——同理心是感应到情绪本身（比如：痛苦、煎熬、快乐等），先天感应力是感受到情绪的潜能。先天感应力是全息的——你通过完整的你去感知、感受、探索在我们周围的空间正在发生什么。先天感应力，就好像你拥有了千百万高度敏锐的小天线，能够感知到正在发生什么以及将要发生什么。

了知——更多是当下自然发生的。你和灵动心智进行超级联结后，你可以在那里找到所有你需要知道的一切。与直觉不同的是，你不仅知道你知道，而且你知道你是怎么知道的。了知带来更清晰、更全面、更丰富的理解。

心电感应——心电感应是可以领会，感知、知道、理解交流的整体能量。我们区分交流的整体性有三个层次：

● 语言——对方的语言表达。

● 心电感应——对方真正想说的内容，他们所触及的这些内容，还无法理解它，也就无法转化成语言表达出来。

● 深度心电感应——真正想要被表达的内容，语言文字背后的潜能。

运用心电感应，你通过整体的你去聆听交流的整体；运用深度心电感应，你超越自身成为全体，去聆听全体在对方内在和周遭发出的声音。在深度心电感应中，不再是一对一或者是个体之间的交流。你正在聆听和对话的是**当下想生成什么**。

调频——对于任何情境、个人、组织或任一时刻，总是可以找到多种解读来诠释发生了什么。调频允许你扫描这些情境所有层面的可能性、解读、和意义，发现事物的真相和目的。这特别适用于当你的客户或者你自身感觉因为某一件事或一个人被卡住了的时候。找到那个让客户和你得到解脱的解释，你就可以轻松地、迅速地、优雅地越过障碍。

　　超高速思维——你有没有经历过有很多想法，在了知它们的同时你能够在电光石火间从中选择其中一个想法或者视角？这就是超高速思维。超高速思维发生在时间轴之外，就仿佛世界忽然变慢了，让你有足够的时间去读取讯息，但是其实只过去了短短几秒。我们称这为超高速思维恩典。这是我们智慧本来具有的状态，但是由于我们被培养习惯于在线性时间里思考，从而阻碍了我们快速地下载和上传所有可以为我们所用的讯息。超高速思维就如一个冲浪者在一毫秒内作出一个判断去采取正确的行动，才能继续站在浪尖上。实际上，那一刻他们对接收到的多元讯息进行了瞬间分类。为了超越线性时间的限制，他们的头脑已经被训练成为开放的灵动心智。

　　超级创造力——超级创造力是向创造力的所有可能性开放，允许畅通无阻地上传或下载所有想法和可能性。这是一种一切都在流动的状态。你不仅仅是与流动共舞，你既是创造力的源头，也是在与创造力共舞的伙伴。像超高速思维一样，灵感瞬间迸发源源不断，而且常常伴随着一股能量流，随着激情的不断上升，身体会感受到产生大量的热量。超级创造力是一种非常兴奋的状态，似乎灵感生生不息，熠熠生辉，无与伦比！超级创造力有其自己的潮起潮落的节奏，所以不是任何时候你都可以随心所"御"。但是在某些时刻你能够完全把握它的启动和韵律。

在灵动心智中收获的能力

　　● **直觉**——直觉力是通过打开你的心获取的。能量从胸腔上升到头脑，经过头脑意识理解。它就好像有一股能量"嗖"地经由你的内在或外在涌现，给你传递信号，该做什么，该去到哪里，或者该注意什么。

　　● **收获智慧**——智慧来自高我。你可以通过打开心灵和头脑触及智慧。拓展到超越你自身，变得比宇宙更大，并且设定意图去拥有它。要想获取古老的智慧结晶（比如，那些已经学会并早已储存于意识之中的智慧），让你的意识进入一个巨型意识档案库，直接从中搜寻你所想获取的智慧。另外，新智慧的获取需要一个当下的创造性过程。在这种情况下，你是它的创造者而不是它的搜索者。你是在与"想成为什么"共舞合作共创，若这个过程没有你就什么都没有。这就是我们这个时代的天才们如何运作的。他们获取的智慧是超越了已知的智慧，为我们带来了前所未有的新概念。我们每一个人都能够做到！这不仅仅是知识精英的特权。

●**同理心**——同理心位于我们人体的太阳神经丛，是我们的情绪中心所在的位置。同理心是关于感知他人的情绪。你开放自身的情绪中心去感知对方的情绪中心。运用同理心时我们需要非常小心，因为我们很可能感受到混乱和不愉快的感觉，并且可能导致你担负了对方的情绪。问题在于，当你感知、接收、担负对方的情绪时，对于教练或者支持的过程是否有价值。和另一个人的痛苦联结能够为你进行教练或支持他们提供一个诊断工具，但痛苦本身不是问题所在。相反，如果你调频联结到情绪的潜能，你会发现整个体验对你们双方都更有价值、更有启发性、更加轻松和优雅。这会让转化过程迅速开始运转。要了解这是如何实现的，请阅读下一部分内容：先天感应力。

●**先天感应力**——先天感应力运用的是整体的你，而不是你身体的某个特定区域，比如心脏或者太阳神经丛。你的全部感应能力调频与一切存在和可能性的能量振频一致。数以百万计的感应触角作为你和灵动心智必不可少的组成部分，它们调频至高度灵敏状态，觉知**什么正在发生**以及**什么想要发生**。你不是去感知那些密度稠密、振频低的问题或情绪，而是感知它们所具有的潜能的高振频。一旦你建立与潜能的联结，振频就会提升，真正的转变就会发生。在这里开放高我之心对达到整体合一的状态和接收高振频讯息至关重要。

●**了知**——了知来自你超越自我进入灵动心智的完整体验之中。你成为整体，超越自我，进入完整的状态，那一刻你意图中所关注的所有答案都在那里，在那里你是无所不知的。它和智慧的区别在哪里？你不是正在搜索巨型的意识档案库，你就是那灵动的信息。

- **心电感应**——心电感应是通过合一和超越来达到的。心电感应通常集中在胸腔区域（包括内部和外部），然后把讯息转化为思维。你就仿佛是一台高能的发射器和接收器，能够上传和下载讯息（能量）。你在用你的整体去聆听另外一个人的整体。你开放自己，如实地接收另外一个人真正想说的内容。然后，深度心电感应，你超越了自身，你作为全体去聆听另外一个人的全部。你拓展延伸自己，超越个体层面去聆听在当下这一刻什么真正想被表达、被发现、被创造。

- **调频**——调频为你打开了一个纯净的空间，你可以在当下探索各种范畴或层级的可能性、意义、解读、与生俱来的视角。你伸出手，开始评估和探索所有的频率，以及每一个频率所在层面的可能性，超越我们文化诠释所能想象到的或者我们人类头脑所能理解的范围。调频假定我们与大道同频共舞，无论生命在当下那一刻的发生有多么的混乱，生命在其表面之下都有着一个更为深刻而丰富的意义。所以，你可以更深度地看到那个个体，并且超越个体去发现生命所蕴含的更深刻、更丰富的意义。

- **超高速思维**——体验超高速思维的状态，需要拓展延伸进入纯粹创造力和纯粹意识状态。当你进入意识的状态，你不一定有超高速思维。事实上，类似冥想状态，它可以降低你的思维速度。但是，当意识联结了创造力，你会拥有一种活跃的超级创造力状态，一切发生如电光石火般快速。然后，在超高速思维的状态中工作，放下任何我们只能在线性时间中思考以及一次只能处理一小部分信息的限制性信念。当你成为灵动心智，你允许一切之流（Flow of All）毫无干扰地流经你。从内在深处上传讯息和从高维度下载讯息，你的工作不是去思考，而是简单地吸纳并且允许知识流经你。允许让你的灵动心智为你完成这份思考的工作，在那个空间，你会发现很容易就超越线性时间进入恩宠的超高速思维，进入到超高速操作。为了获取超高速思维的能力，你必须有意愿允许心智进化。完全接受它。这比你想象得要更自然而然。

超级创造力——完全开放联结生命智慧。深呼吸，尝试与那个现在想经由你的事物联结。深吸气，让那股能量充盈你全身。与其共处一段时间，享受和它相随相伴。如果你愿意的话还可以成为它；这意味着你准备好让它完全穿越你。现在，身处在这股能量中，请求询问与这个创意概念、点子、愿景相关的所有想法和可能性。不要思考，只需要放松，让各种想法畅通无阻地显现，就好似在超高速状态。不用担心要记住或者如何评估它们，只需让它们自由来去，感知你和它们中每一个之间的关系就可以了。当它们中的一个或者几个引发了你的共振，你就可以启动奔跑了。

当你把超级创造力带入团体的时候，空间中就充满了新想法。人们迫不及待地踊跃地分享冒出来的创想，渴望整体朝向独特的创新前进。让团体达到这种状态，我们需要每个人调频到他们潜能的能量频率，允许能量自由流动。让每一个人都分享他们收获的一切，没有保留，没有评判，无须承诺一定要实现。记录下每一个构想，没有任何遗漏。一旦下载完成，一切仿佛都彼此契合，井然有序地排列在一个奇妙收纳包中了，恰似每一个构想等待着每一个独特的个体去呈现，共同聚合而成创造力的万花筒。

体验式实践：去应用

- 观察，当头脑在思考事情的时候我们的感觉是什么样子的。观察，感受我们的能量是如何运行的。当你在思考一些事情的时候，面对镜子观察自己脸部的表情。呼吸，放松，拓展，允许你自身提升至灵动心智的状态。那样的你感觉是怎样的？现在镜子里的你看上去是怎样的？

- 思考过去或现在一个你不理解的情境，尝试去调频，了解其具有的所有视角或解读。不要停下来，直到你从沮丧、困扰、误解的感受中得到"啊哈"恍然大悟的自由。

● 找一个也在读这本书的朋友或伙伴，尝试以上所有的能力，不断地实践运用它们，强化每一种能力的运用。记住，所有的这些能力都能够为我们所用，你越是经常练习，你就越能熟练地掌握它们。

● 当你教练下一个客户的时候，有意识地觉察你的讯息是从哪里来的，观察你能否分辨这些能力的不同：直觉、先天感应力、了知、智慧和心电感应。

突破

本章的突破是发现你在灵动心智中你天然就拥有这些能力。在灵动心智中不断进化我们的关系和能力，持续地保持开放我们自己和我们教练的那些客户，那里蕴含着永无止境的各种各样的无限可能性。

第九章　教练进化心智

🎯 本章意图

- 发展情商和灵商到进化层级

- 能够自由进入灵动的进化心智

- 扩展你的教练能力，超越你的头脑和智力范畴，与灵动心智共舞

🎯 深刻潜能

- 进化你的心智

- 从把情绪视为需要解决的问题转化为情绪是值得欢庆的潜能

🎯 核心要点

- **从传统的智商、情商、灵商迈入进化心智**——它们有什么不同？它是一种什么感觉

- **将进化心智运用于教练情境中**——你作为教练在合作中所处的最佳位置是你始终与你的完整了知保持联结

- **支持他人迈入进化心智**——当你和被教练者越确信进化心智是可以发

生的，就越容易迈入进化心智

◎ 探究性讨论

1. 以往当你处理一个和情绪相关的议题时，它会让你感觉：更大？更广？更紧？

2. 当你把视角从解决问题转化为实现潜能的时候会发生什么？

3. 当我们时时刻刻活在进化心智之中时，感觉是怎样的？

核心内容

从传统的智商、情商、灵商迈入进化心智

智商——传统意义上，智能是与个人头脑相关的，并且是头脑的体验。我们的头脑像电脑一样吸收和储存信息，这是一种发生在头脑里的心理过程。西方文化倾向于认为当人一出生智力水平就固定了。但如果这不是真相呢？如果我们能超越思想，超越智力，达到新的智能层级，让我们每个人都能活在全新的灵动心智层级中，那会怎么样？当我们进入这些扩展扬升的智能层级，学习变成了知，与此同时整个过程完全被转化。

头脑是伟大的，但是传统上我们只使用了头脑很小一部分智能。在扩展的层级上，我们发挥了头脑扩展的潜能——就如我们从自己的电脑终端（个体智力）联结到巨型主机（灵动的知识和万物的智慧），然后大脑就像一台真正的超级大脑一样运作，发挥其全部的卓越能力。

情商——情绪历来被低估，往往被视为需要抑制和控制的反应。近年来，为了更好地与他人沟通和联结，情商已经发展出了一套全新的方法，我们对自己的情绪负责，与此同时我们也觉察到他人的情绪。我们开始探索我们的感受对我们个人以及人际关系成长能够提供什么支持。这是大大地迈进了一步，但这还是聚焦在个人、人类作为独立个体的视角。

我们相信感受是灵魂导向的沟通。你的灵魂或者我们的集体灵魂让你意识到有一些新事物即将迸发。我们可以和情绪建立一种共庆的伙伴关系来真正感知。从进化视角来看待情商，情绪是潜能正在升起，通过我们触及情绪背后的能量，我们可以从中发现深刻潜能，诸如可能性、潜能、激情、愿景、

领导力，都可以为我所用。我们与发生的情绪欢庆，与这股能量合作，为了我们自己、他人和整个世界，推动我们的生命向前。

假设我们的情绪仅仅是单纯的能量流动（E-Motion）。假设能量流动是我们内在智能导航系统指引着我们接下来的可能性……下一步、下一个转变、下一个潜能。从这个视角，你不会局限地仅从自身寻求洞见和答案，而是会扩展联结到灵动心智，与情绪共舞。

你的情绪给你带来的影响可能不仅仅是你个人的事情。情绪带来的能量实际上是召唤你去做一件重大突破性的工作，不仅是为了你自己，也是为了他人，甚至世界。如果我们以这样的视角与情绪建立联结，一切将随之改变，与情绪能量的共舞随即开启了！它成了一场激动人心的冒险之旅，在那里是一个个全新的突破。是的，在此你对你所有学到的东西将始终完全地负起全部的责任，甚至超越你的自我，为了我们所有人发挥能量。当你作出一个有意识的选择为全世界和全人类服务的时候，你的能量也将与这个选择同步，让你置身于一个发生更大突破的能量空间。

这是一个令人难以置信的转变，完全不同于以往我们对情绪之间关系的认知。这个观点允许能量的流动，此点至关重要。无须被情绪吓住，压抑或者情绪大爆发，抑或以个人的角度去处理情绪能量，你呼出情绪能量，让能量穿越过去，庆祝它的到来，与之合作，极尽可能地发挥其在这个世界上的最大潜能。为了做到这一点，你必须扩展联结，允许你进入到那个更宏大的你。

灵商——灵商通常被我们视为追求更高的目标和更伟大的意义。这是关于整合高我，拥有更广阔的视野，并达到智慧和领悟。但灵商依然是部分的你，努力去了解一些超越你自身的事物。我们希望在此让进化更进一步，你正在和全部的你一起工作，并推进全体的进化，朝向进化心智发展。

进化心智——进化心智是灵活地与我们的灵动心智联结。我们全然地活在合一、真实、强而有力、超级联结的生命状态。这关乎看到更广大的画面，看到整体（whole）以及组成整体的全部个体（all）。进化心智是我们作为生命创造者的真正能力，是将我们的潜力显化成现实的强大进化介质。在这个空间，我们可以进化心智的本质和结构。

当心智已经并且持续进化，会呈现出什么样貌？它看上去像是在一种永恒的流动状态，从源头流出保持着动态平衡。灵动心智自始至终向我们伸出双手，邀约我们一起共舞，成为进化运动的源头创造者。

我们邀请你现在就成为灵动心智，从你就是它的那个空间，将其进化到前所未有的高度。这是一个选择。你可以从这些状态中进入或退出。你没必要一直待在那个状态中，但是如果你可以做到，会怎样呢？考虑一下：如果人类和自己真正的进化心智以及力量断开联结已经有几千（而非百万）年，那会怎样？或许现在正是最佳的时机，通过每一次教练情境，通过每一刻我们的生活，通过我们所做的每一件事，为了我们所有人推进整体的生命智慧进化。从头脑跨入灵动心智吧！你是作为你自己进入它，还是作为灵动心智进入它？和它一起玩耍，看看感觉如何，你从这份韵律中可以探索发现些什么。

练习

● **访问进化心智**——首先，从头脑进入灵动心智。但是远不止如此。在灵动心智中，你自然知道你自己可以成为创造者。你需要学会信任自己，相信从灵动的智慧中我们可以获得能力和了悟。这不仅仅是你进入灵动心智接收到它给予的礼物，而且是为了我们全体，你和灵动心智合作共创进入进化心智！

● **进入状态**——有一种进入进化心智的方式，我们称为"进入状态"。艺术家在这种状态中创作。发明家在这种状态中创作。这不仅是处于同频一致、平衡、流动的状态，这是很棒的联结体验。在这个空间，万事万物彼此联结，如此通透。你无须伸手去够任何东西，它就在那里，为你所用。你身体里的每一个细胞都超级联结，充满着非凡惊人的能量。

在这种状态中你不会出错，你不可能失手。你始终在线，对任何想要发生的事情都了如指掌，你对一切都如水晶般清晰明鉴，你清楚地知道每时每刻需要做些什么。你在超级速度之中，你在时间线之外，相比以往的你能效更高。

在这种状态中，你是全部空间和所有实相的创造者和拥有者。这是意识的转变，它带你到全新的创造力层级。因此，你如何实现这种转变，进入状态呢？设定意图，允许你的一切都和整体联结。设定意图，允许你所有先天的感官触角都处于警觉的工作状态。然后设定意图，让你的感应天线联结到超级主机。

在教练情境中运用进化心智

在进化教练的能量舞动中，你必须安住在进化心智中，以便去创造和体验这个空间所提供的突破。在这个空间，你可以做任何适宜的事情。你在当下舞动，了知一切。

你的客户必须和你一起在进化心智之中吗？不是必需的。你可以在进化心智的空间给客户指引方向和提供资源。当然，如果客户可以和你一同进入这样的空间那就如虎添翼了。如此，他们可以获得自己的洞见和理解，与此同时你也可以和他们分享你的能量之舞。

不要因为客户而离开进化心智的场域。无论客户处在什么状态或者如何行动，作为教练，你的最佳位置是联结你的全部了知。当然，这并不意味着你要闭上眼睛说"调频"之类的话。其实非常简单，你联结进化心智的空间，在那个空间工作，然后邀请他们也这样做，无论是以心电感应，还是口头沟通的方式，或是根本什么都不用做。

练习

●**调频获得不同的解读**——在教练场景中，进化心智的最佳用途之一就是你可以扫描客户发生的状况获得各种解读（调频）。这让他们能够收获洞见和理解一些对他们来说混乱无序的事情。

●**与沟通中的能量进行调频**——运用你自己的能力来转译能量之间的交流（比如：客户本质的能量是什么，激情的能量是什么，愿景的能量是什么）。有些时候你的被教练者只是看到一幅画面或者有一种感受，但是并不知道这有什么用途。这时候你可以支持他们，帮助他们转译、解读，让他们的旅途更加顺畅、优雅。这并不意味着你为客户提供所有的答案；他们需要自己去找到答案。你的角色不是直接告诉他们或者直接指出你看到的，而是引导他们遵循对他们来说适宜的答案。他们对自己的旅途负起责任。你只是负责为客户提供洞见，引导他们生发出自己的洞见。

支持他人进入进化心智

我们所有人都可以轻松容易地获得这种智慧，仅凭这一认知就能让他人可以更容易地获得进化心智。所以，不要犹豫，在适当的情况下，和你的客户聊一聊这个话题。

以最简单的形式，你可以教练你的客户通过一个简单的静默时刻去放松、呼吸、扩展和反思，从而进入进化心智。让他们意识到从心智（在他们的头脑中）寻找洞见和联结灵动心智寻找洞见的差异。

练习

● **共同调频**——和你的客户一起调频。一起寻找洞见、观点、智慧和理解，然后分享你们的发现之旅。当他们待在头脑里的时候，提醒他们并且邀请他们超越头脑。让客户习惯联结到灵动心智，让他们开始信任接收到的讯息。当你和客户之间越信任，接收讯息的能力也将越佳。

● **意图和假想**——你可以邀请客户设定意图进入进化心智，如果失败了，让他们尝试假装他们已经在进化心智之中，看看是什么感觉。假想可以帮助我们绕过头脑逻辑的限制和抗阻。或者你可以问他们有什么想法在阻碍他们进入灵动心智。记住，这些想法往往源自文化层面，而不是个人层面，确保我们轻柔地、慈悲地对待这些出现的思绪，请它们离开，这样客户就可以自由地体验进化心智带来的愉悦，以及它提供的一切。

● **从潜能层面着手**——比如说你的客户对自己当前的工作很沮丧，他们已经无法忍受了。作为一名教练，你应该如何回应？以极大的愉悦如何？我们无须聚焦在客户的问题层面。如果你把这个话题当成了问题来关注，客户很可能会退缩并且迷失在问题严重的汪洋大海之中。在你意识到这一点之前，他们已经陷入恐惧和沮丧的情绪之中，所触及的一切都被卷入这片汪洋。相反，我们可以把这些问题视为来到潜能层面的媒介。只要你在这个层面和客户一起工作，他们立刻就会开朗，拓展，带着笑声，轻松地走出问题。

体验式实践：去应用

● 回顾一下近期你的一些情绪化反应。呼吸让能量提升上来，穿越心脏的上方，让这股能量环绕在你周围的空间，与之建立联结。看看它为你提供了什么样的可能性，观察一下它和你平时情绪化反应或处理方式有什么不一样的结果。把它视为潜能与之欢庆，看看从中会释放什么样的礼物给你。

- 下一次当你有了一个客户，看看你和他是在哪个空间运作——是在智性的头脑空间，还是在灵动的心智空间，有没有超级联结？你是在哪个空间教练客户？评估你在哪儿，客户在哪儿，然后寻找到适合的韵律共同起舞吧！
- 尝试恒常地活在进化心智中。觉察什么时候你在其中，什么时候不在其中。如果你不在，抽一点时间，简单地重新和自己联结，联结灵动心智。观察生命是如何在此处发生，探索你是否乐意与之建立永久的关系。如果回答"是"的话，那就去吧，设定意图让它成为现实。

突破

作为人类，有那么多东西等待着为我们所用，心智的进化可以帮助我们获得这些。生命和创造都等待着我们这样去做，当我们进化时，所有的一切都将与我们共同进化。我们正是为此而生。这是我们所要做的：进化生命，进化创造，进化本源。本章的突破是你能够自如地教练进化心智，并将进化心智的新层级带给全体人类。

第十章　教练各个层级的潜能

◎ 本章意图

- 打开眼界，重新认识人类及其无限的可能性和潜能
- 创造突破，轻松获得潜能
- 使教练能够有效、深入、有力地教练各层级的潜能

◎ 深刻潜能

- 看见我们都是能够作出贡献的伟大的人类（all mega human beings）：每个人的内在都拥有超级潜能可供我们发挥
- 将潜能进化到更高的层级

◎ 核心要点

- **探索可能性和潜能**——它们之间有什么区别
- **教练不同层级的潜能**——如何让客户惊讶于他们可以做到什么和成为什么
- **从教练到进化理念者（evolutionist）**——成为灵动的潜能

探究性讨论

1. 你认为潜能是什么？你是如何感知它的？

2. 你是否相信某些层面的自己是你未曾联结过的？

3. 你是否见过你的教练客户实现突破迈入新的潜能层级？如果是的话，你是如何做到的？是什么促使它发生的？

核心内容

探索可能性和潜能

潜能是可以成为现实的一切。有时候它天然地存在于现有事物中，有时候它是全新的，等待生成。潜能是一股想要生成的能量——和你一起并且经由你发生，为了你、他人、人类和生命而发生。潜能是一切可能性的源泉。

潜能可以被视为一个更大、更广阔、更丰饶的海洋，一切新事物都会从中涌现。可能性是当潜能上升到被意识觉知到时而生成的河流或路径。换句话说，潜能是海洋，可能性是由此流淌而出的百河千川。换一个角度理解，潜能是愿景，可能性是实现愿景的策略。

无论你是否愿意参与，潜能随时等待着发生。但是潜能确实需要意识有意图地催化它，它也确实需要有人愿意为它付出努力，使之变成鲜活的现实。

潜能需要炼金般的转化使其得以实现。你必须有意识地做些什么让其显化成真，或者是充满能量的呼吸，或者是充满激情的宣告，或者你走进它的能量，将能量洒向这个世界，将它写出来，或者说出来。

一旦潜能开始显现，就会出现各种可能性。你不需要做任何事情来创造可能性，它们会在潜能创造的空间里生发出来。但是，你需要在流动中有意识地选择适当的可能性，为潜能带来预期的结果。通过直觉，而不是依赖任何逻辑推断作出决策，更能够让你感知并明白什么才是最适合你的流动。

练习

● **发掘当下的潜能**——将自己调频到当下希望经由你发生的事情。通过呼吸和这股能量对接，询问这股能量是什么，为什么而来。选择是否与其合作。如果你选择与其成为伙伴，那么请踏入这股能量，成为那股能量振动的频率。你现在感受如何？

教练不同层级的潜能

每个人来到世上都具有独一无二的贡献和特殊的天赋以及品质。如果你非常幸运，你可能很早就有机会呈现出你的天赋。如果你是细心的父母，你会很早就看到孩子的天赋。有时候很可能不止有一种天赋——它可以是多元化的天赋。

记得，这些天赋的礼物来自我们的灵魂。它们来自你的本质。本质是你的一部分，只属于你。你可以通过看向并看透人们的眼睛，看到并感觉到人们的本质。当你联结到本质的你，你就和你独特的贡献建立了联结，什么是你在此想要完成的，什么是你想要实现的。此外，你的灵魂将引领你的思维、情感和行动朝你的独特贡献前行。

随着你的成长和发展，了解你的贡献、目标、意义，人生的大画面对你来说尤为重要。除了你的家庭、金钱，买房、买车，除了这些物质成就之外，你来到这里还可以做些什么？你存在的目的是什么？当你和真正的潜能联结，与你生命的意义联结，你的身体就会发生一定程度的放松。不安和寻找的能量会消失。因为你知道了，因为你明白了。一旦你了解了你真正的潜能，然后你就可以开始思考如何将它融入你的生命。实现这个目标的工作是什么？哪份事业可以帮助你呈献这份天赋？

假如我曾是个喜欢玩吉他的小男孩，我的潜能是通过音乐触动他人的生命。我知道如何写歌词，我擅长作曲。对我来说，玩吉他是轻而易举的事情，我不需要挣扎。但是我严厉的父亲会说："玩音乐的赚不到钱。你一生都会为生活温饱挣扎。会计师可以赚到钱。有一份稳定的工作，生存会比较容易。"所以，我就成了一名会计师。现在我40岁了，放弃了玩音乐，整天与Excel表格打交道。我的感觉如何？不开心，没有实现理想？即使我有了一个快乐和幸福的人生，一个有爱的家庭，但某一部分的我是痛苦的。

当你采访那些即将走到生命尽头的人，如果他们没有实现他们的潜能，他们会非常不快乐。他们没有去做此生本来应该去做的事情。当你走到生命最后的时刻，回看一生，你的灵魂会希望你实现了你的潜能："我走过了一生，我真的做了我能够做的事情。"一旦你了知你的潜能，千万不要妥协。

假设你喜欢做一名会计，你喜欢数字，你的潜能是喜欢研究创造不同的计算方法，你热爱这项工作。当把你放到领导的位置，你必须领导他人的时候会发生什么？你会有什么感受？你不喜欢和人打交道——你喜欢数字，不喜欢人！再问一次，你会有什么感觉？当你知道自己喜欢什么，什么对你来说是容易的，什么对你来说是有激情的，你将会发现生活变得更加轻松，更加充实。

让我们分辨四个层级的潜能

个体潜能（Personal Potential）是独特的和个性化的。个体潜能是关于你尽你所能成为最好的自己，这是你与生俱来的特质。

更大潜能（Greater Potential）是你能够为他人带来不同。你可以为你的社区、组织或者国家的更高目标服务。

深刻潜能（Profound Potential）是为了世界。你可以做些什么让这个世界变得更美好。

纯粹潜能（Pure Potential）是进化。你和我们所做的就是进化我们现在已知的生命。这是点石成金之处。这是一个具有神奇魔力的空间，在这儿我们想什么就"心想事成"了，在这个空间所实现的成果要比我们所预期或想象的大得多。

现在让我们来界定**现有创造**（Existing Creation）（个体潜能、更大潜能和深刻潜能所在的领域）和**新创造**（New Creation）（纯粹潜能所在的领域）。

现有创造力已经存在于意识之中。就个体潜能而言，**现有创造力**存在于我们的每一个细胞中，在我们的能量场域中等待我们去实现。就更大潜能和深刻潜能而言，它存在于环绕你四周的空气中，等待有人来摘选。它曾经作为一个概念被提出来，但是从未实现，所以一直处在等待中。

新创造从未被想到过或者提出过。它是全新的。它在等待被人们意识到。新创造的潜能来自我们内在深处。纯粹潜能是创造新的路径，成为**进化理念者**，为我们自己、他人、生命，为全体进化而进化。它是真正地超越自我，你可以从内进入这种状态，就像呼吸一样，通过一呼一吸你将成为：

- 使它成为现实的源头人物
- 创造的气息，持续创新和进化的创造，以及
- 纯粹潜能的炼金士

当你正在萌生和实现新的创造时，你处在一个富有活力的空间。你会变得更加活跃，你和潜能共跳进化之舞，在共舞中为你带来从容和喜悦。以那种方法，实际上实现个体潜能要比实现从源头创造的纯粹潜能有挑战得多。当你处在头脑逻辑状态的时候，通常无法很好地挖掘潜能。当你处在**灵动心智**的状态，潜能是有生命力的、活跃的，会呼吸，会成长——只是在等待你与其合作共舞。伴随纯粹潜能，你迈入了一个充满活力、活跃的能量，它催化了点石成金的炼金运动。

传统教练工作是从客户现在的状态出发，目的是推动他们到达某种程度的潜能。今天，大多数教练都是在个体潜能层面上进行的，有一些是在更大潜能层面。**进化教练**认知到总有可能在不同层级的潜能上同时进行教练。他

们知道被教练者可能探讨的是某些个体潜能的领域，但是他们也有永远改变世界的能力。作为**进化教练**我们不评判被教练者。我们认知到客户是充满魅力、充满资源、不可思议的创造者，只是他们当下选择了个体的视角。此外，我们重新定义教练为**潜能主义者**（Potentialists）和**进化理念者**，在这里你和客户工作的出发点是他们真正的自己和此时此地他们所能成为的一切。我们不是和现在的他们相遇，而是和真正的他们相遇。

这对于进化教练来说尤为重要。就好像他们通过联结自己并激发自身的能量进入真实存在的状态！你作为见证者，仿佛是一个音叉，为他们的整体性和全体性而演奏。

为什么你想成为一名**进化主义者**为进化事业而进化？如何应用到教练中去？当你教练他人去实现他们的个体潜能，从能量角度来说，你和他们——就是所有可以利用的能量。但是如果你和客户进入纯粹潜能的状态，可以利用的就是你，他们和全体的能量。此时，这股能量充满活力、畅流、迷人。这股强而有力的能量允许你毫不费力地推动所有层次的潜能，甚至超越你的想象。全体的能量都会和你一起成为创造力的本源去创造。

如果你和客户仅仅在个体潜能层面进行教练，你需要为客户维护好一个空间让他们的下一个层级的潜能得以实现。但是当你在教练纯粹潜能的时候，你打开了一个空间允许巨大的突破发生，这个发生甚至你都无法想象可能会是什么。你引导客户在完全有意识的状态中选择活出生命的全部可能性。你们一同踏上了轻松而神奇的探索和欢庆之旅，就如坠入了爱河。你们看待世界的角度完全不同。你们完全地开放，充满了希望，一切都在流动。你们进入了与全部的潜能和可能性同频的状态。

从能量的角度来讲，你可以在你和客户的能量流动中进行教练，或者也可以在所有（All）能量准备就绪的情况下进行教练。在进化教练中，不是你或者客户想让什么发生，而是什么希望经由你和客户发生。

你是不是可以和任何人以这种方式教练？这是可能的，但最好是你和客户约定同意你们的教练会超越他们的自我认知。这时协同性、共时性、魔法、奇迹都会发挥作用。在这个空间里，人们会感到震惊和惊奇。

这不是关于他们知道他们可以做到或者有能力做到。一旦他们踏入纯粹潜能，他们所需的一切都已然在那里等待着他们。这看上去像坑人的"第二十二条军规"，逻辑悖论。一旦你步入这能量之中，你会得到你所需要的东西，成为你所需要成为的人。这与做好准备、拥有信心、学习做正确的事情无关。简单来说，就是对想要成为的说"是"，然后你就全然成了它。

练习

●**迈入纯粹潜能**——召唤纯粹潜能到来，选择迈入其中。这就好像呼吸。你通过呼吸让潜能显化，然后你选择与之全然地合作。一旦你迈入进化范式，合作包含着有意愿创造新的信念和观点去看待人类的"存在性"以及我们的能力和潜能。只有思想和信念可以阻碍我们成为更高层次的我们。关于**人类所能成为的**以及**人类可以拥有的，**我们在传统文化中有太多陈旧的观念。想象一下，在这样的一个世界，所有的信念在当下不断进化，赋能于现在需要呈现的一切。教练纯粹潜能，你甚至需要有意愿常态化地进化新的信念，从而拥有自由去构想、创造和进化。

●**教练下一个层级的潜能**——如果你正在教练的客户无法超越他们目前对自己和对人类的想法与信念，那就和他们一起观察他们的信念系统和思维模式，让他们看到现在哪些是真的。通常我们活在旧有的信念系统和思维模式之中，甚至没有意识到我们被牢牢地禁锢其中。询问当他们想进入下一个层级成为真正的自己时，冒出来的第一个念头是什么。通常他们自然而然描述出来的想法或者信念是与文化有关的。当你们一起把它摊开来放到桌面上时，就很难再认为它是真的。一旦你们反复探讨了那个信念，确定对他们来说在当前情况下的真实性，你会发现他们体验到了一种充满活力的自由。这个信念进化成一些新的信念，并且是当下能够给他们赋能的信念。你可以用这个练习训练自己真正的觉知，并且经常运用它。从这里开始，持续性是指为了给予自己、他人和所有人力量，在每一个当下学习进化我们的信念。

●**从纯粹潜能层面去教练**——假如你的客户主动选择当下不进入下一个层级的潜能怎么办？有些人可能会拒绝你的努力去实现他们和我们的潜能。这是因为他们卡在旧有的模式中或者是半途中，你的进化视角让他们觉得生存和世界观受到了威胁。这是允许的。你不必用力让每个人都进入纯粹潜能，如果他们不愿意去，你也不必去评判他们。

但是与此同时你也不要简单地就接受了他们现有的视角。你可以继续为了他们的潜能护持好一个空间，与他们一起推动他们的信念和思维往前发展。你甚至可以超越护持一个空间的方式，直接进入进化范式中教练。这是一个更加共同行动和共同创造的过程。事实上，你在和他们一起激发他们的潜能。你超越了时间线性发展的过程，进入瞬间突破的可能性，以及任何时候都在灵动心智中活出潜能的可能性。你的工作是成为活生生的催化剂，去实现他们是什么和可以是什么，让你和他们每时每刻都可以成为不一样的人。

如果你的客户此刻坚持留在原地不动，你可能需要检查一下你对他们来说是否是合适的教练。你可以有意识地选择在所有的范式中教练，但那是你的选择。有些教练会发现他们只对特定的某一个或两个，但并非全部范式有激情。

●**教练纯粹潜能**

1. 首先与客户建立灵动智慧（living intelligence）与灵动智慧层面的联结，然后联结当下想要实现的纯粹潜能。

2. 一起调频到当下想要发生的、与他们的激情和愿景匹配的纯粹潜能的能量是什么？对客户来说意味着什么？感觉是怎样的？它想要什么？客户是否愿意与之协同工作？

3. 唤起这种能量，让它进入客户周围的空间中。把纯粹潜能带入当下，让意识觉知到并建立联结。看见它是什么，获取其洞见，理解它。然后看看客户是否愿意迈入其中。如果他们说"是"，让他们保持意识觉知，能量满满地迈入那股能量与之共舞。让他们想象自己迈入饱满的能量，并且对纯粹潜能说："我愿意。"

4. 询问客户，当他们成为纯粹潜能行动时感觉如何。当他们说出"我愿意"的那一刻他们有没有被自己惊讶到？在这里，人们会以从未想过的方式来发现自我。你，作为他们的教练，需要支持、滋养、赋能这种突破，确保认可他们完全有能力在现在的世界中实现这种潜能。你给予的这种认可至关重要。当被见证时，它和他们就成为这样。

从教练到进化理念者

与潜能一起工作不是你说开启就开启，你说关闭就关闭，不是一天工作结束后就可以放回工具箱的工具，而是需要你成为纯粹潜能。有这样一个臣服的时刻，就是当你超越了头脑中那些进化的技术和工具，在灵动心智之内运作，作为灵动的潜能在呼吸，在行走和在交谈。你不仅会被自己惊讶到，被自己每时每刻的变化惊讶到，你还会对任何时刻任何你触碰到、看到、闻到、一起工作的所有一切发生感到惊奇。

我们不是简单地挖掘或教练纯粹潜能，我们探讨的是成为纯粹潜能：让我们的生命融入纯粹潜能之中，融入我们所做的每一件事之中。我们生命中的每一刻都蕴含纯粹潜能——准备饭菜、整理床铺、与人合作、与孩子们交谈……由此一切都改变，我们从一名引导者转化成一名进化的炼金士，从一名教练转化成一名进化理念者。

练习

● **活在纯粹潜能中**——在每个地方寻找并且看到潜能。开始把问题、麻烦、痛苦视为潜能，因为它们的确都是潜能。切记，一切皆是能量，任何事、任何人在任何一刻都有潜能。进入这种状态，观察在你的教练约谈中问题和担心的品质发生了怎样的变化。

体验式实践：去应用

● 感受潜能的每一个层级，留意你要去到哪里（头脑、心灵、精神、灵魂、整体）才能接触到每一个层级。同时邀请一个你现有的客户，将他映射到同一个模型上，观察他在哪个层级的潜能上工作。

● 呼吸，放松，延展。设定意图，与你下一个层级的潜能联结。这是怎样的感觉？能量从哪里来又到哪里去？

● 借助你现有的客户，感受他们下一个层级的个体潜能、更大潜能、纯粹潜能。尝试所有三个能量层级，觉察你如何运用能量进入每一个层级的潜能。

突破

有了纯粹潜能，一切都焕发活力。巨大的潜能和宽广的愿景从承担繁重责任的旧有范式视角，转化到通过由协同性和共时性促进的轻盈愉悦的进化之舞。

突破在于你和你的客户愿意在下一毫秒成为什么样的人。当我们愿意时刻让自己感到惊讶和惊喜的时候，我们可以成为时时刻刻不断自我实现的潜能。通过与进化一起探索与合作，我们可以展现作为人类我们全部的所是，以及我们可以成为的一切可能性。

第十一章 教练自我进化

◎ 本章意图

- 理解、联结、教练，体验自我的所有层级

- 在一个无限拓展的状态中生活与教练，同时也能够让他人进入和活在这种状态中

◎ 深刻潜能

- 进化人类的同时，进化教练的场域

◎ 核心要点

- **自我以及超越自我的所有层级**——从个体主义者到进化主义者

- **教练他人的本质**——唤醒他们所能成为的一切，并且将识别出的这些可能变为现实

🔊 探究性讨论

1. 当你教练客户的时候，你是在自身的哪个层级教练客户的？你在和客户的哪个层级建立联结？

2. 你在教练某人时你看到的那个人是谁？你感知到联结到了客户的哪个层级？

3. 你是否愿意在每一个当下不断成为崭新的、不一样的自己？观察你的意图是什么？询问你的客户这个问题，看看他们的反应是什么。

4. 当我们设定意图持续进化自我和他人时，会有怎样的能量流动？有没有感受到轻盈、清澈，你的人生有更多自由？或是你感到惶恐，不知道自己是谁、要去到何处。如果答案是后者，什么让你产生那样的感觉？

核心内容

自我以及超越自我的层级

在已知自我的框架中包含两个层级：个性自我和完整自我。

人生角色或者个性自我通常与思想、人格特质、社会标准有关。我们认为，我们就是我们的想法！我们倾向于把生命视为发生在我身上，不由我掌控。从空间和能量层面，我们只能体验到自己的肉身以及一个小而有限的意识空间（0.19~0.28 平方米）环绕着我们。

在这个层级的自我，能量只是在我们的外面，比我们强大。当我们开始超越这个层级成长，我们将不再是停留在一具肉身，还有更多的面相。我们并不确定还有什么，它却在神秘地召唤我们。我们寻求更多地了解自己，将其整合到鲜活的当下之中。等待我们的，是更多的自我觉知和自我发现。

完整自我是你整合了你的大我/高我（精神）部分和你深刻的/内在（灵魂）部分。一旦灵魂跃然而出与精神整合，你就完全进入了一个完整的崭新的生命存在。你开始在能量和情绪层面更负责任地生活。你开始拥有自我的力量，意识到你和我们共同创造现实。在这里，你发现活出了真正的自己、真正的热情、真正的人生。一旦你发现这个层级的自我，事实上你会发现你将很难接受任何形式的不真实。

这两个层级的自我组成了**你是谁**和**一直以来你是谁**。这就是本来的你。

下一个层级事实上是**超越自我**，完全在每时每刻重塑自己。你臣服于自己，在此处你发现你拥有比以往任何时候更多的维度。你放下任何关于你是谁的概念，允许想要发生的事情发生。你与生命共同赋能，共同创造。超越你自己，自我的那部分不再那么重要，在能量的舞蹈中，独特性是最主要的成果。这是神奇的一刻，在这里你真正地成为全部的你，以及我们所能成为的一切。这个层级发生在 **"全能"**（All-ness）之中，在这里你知道你是一切，无论过去、现在或未来。你成为创造力本身。

当你愿意每时每刻改变、成长、进化，你就成了进化主义者。你进入了活力的实相，一切变得鲜活，一切皆有可能。你开始毫无限制地生活。在这个空间，对变化的恐惧成为你展开下一段旅程，让你的最新潜能成真的信号。当你触及完全超越你、超越自我的时候，生命变得深刻，充满意义。在这些潜能层面工作，将为你和你的客户带来真正鲜活的生命。你和客户一同进行超级转化（mega-changing），进化世界，甚至更多！你为了你、他人以及全体去体验、发掘和创造转化。在这个星球上，没有什么比探索你和我们的潜能之旅更伟大的成就了。

练习

● 联结不同层级的自我

1. 个性自我：感觉你就只是你的身体，与你头脑中的思维过程相连。此刻，相信你就只是你的头脑和身体。是什么感觉？你有多大呢？接下来，呼吸、放松、延展，允许你的自我开启一段拓展探索之旅。

2. 完整自我：允许你感受到自己真的很大……如同你所在的城市，你所在的国家，甚至你所在的地球那么大。从这个空间问自己："我是在传统心智，还是在灵动心智，或是别的什么地方？我的心有没有打开，有没有和我的精神整合，我的灵魂有没有跃然而出？我感觉自己有多完整？"当你成为完整的你的时候，你感觉怎样？当你趋向完整的时候，你在积极地把你的心、你的情绪中心以及你的感觉都当成灵动心智的部分在使用。完整的你感受到流动和联结。你所有的感官都被激活了。但它依然是你和你更加完整的心智：脑、心、精神和灵魂。

3. 超越自我：进入超越自我是超简单的，在毫秒之间从整体的你扩展到全体。你从你的大脑（包括你所有的感官）转化为完全的灵动心智。在这一点上，不仅是你自身的感知能力保持敏锐的觉知力，你还拥有灵动心智的全部感知能力。

教练他人的本质

你是在教练：

- 减轻痛苦和折磨？

- 帮助客户解决问题？

- 帮助提升生命质量？

- 帮助客户实现他们的潜力？

- 改变世界？

- 进化一切？

这些都是很好的问题，但它们不只是一些问题。这是你身为教练的缘起之处。你全部的教练发生都包含在这个能量框架中。通过设定意图成为一个进化的媒介，一名潜能的实现者，你将想要发生的事物变成现实。这打开了所有的可能性。你向全部潜能开放，等待它们流经你。你可以在这个空间轻松地推进想要生成的事物。

你作为教练收到的邀约是实现这样的突破：从传统的教练转变成为进化主义者，从帮助客户实现个体潜能或者更大潜能，转化到召唤并见证全体的壮丽的纯粹潜能的诞生和实现。为了你，为了你的客户，为了全体，从这个层级教练潜能是具有深远意义的。与此同时，你将发现从这个层级教练潜能会让事情变得如此轻松、优雅，充满乐趣！

练习

● 教练不同层级的自我

1. 个体层级：想象一下你正在教练某个人，你把对方仅仅视为他的身体，一个有自我性格的个体。留意你是如何从能量层面联结对方的。你能看到他多少？你能与他有多深的联结？在这个空间你可以感知到他有多少潜能？

2. 完整自我：扩展进入到完整的状态，观察同一个客户，他真正是谁，他可以成为谁？以整体对整体认知他们：你的完整自我去认识他们的完整自我。你的能量联结得怎样？你能够进入并看到他们多大的潜能？

3. 超越自我：从全有（All-ness）的扩展状态，请求看见他们更多、更多、更多……联结他们，把他们视为无限潜能本身的自我实现。这是什么样的感觉？此时你的能量又是在哪个层面与他们联结？最重要的是，当你和真实的客户联结的时候，询问他们，当他们经历了这些和他们自己以及和你在不同层级的联结时，感受如何？

● 教练时把客户视为全能——传统教练教导我们"与客户相遇在他们现在所处的境地"。进化教练则主张"看懂客户百分之百全然可以成为的样子"。召唤它，认出它，实现它。听上去这会让人觉得有些矛盾——没有你的见证，它不一定会发生，然而你所要做的就是去请求看到更多：他们是谁，以及他们可以成为谁。这就是教练真正激动人心的地方，你和客户进入了真正的突破。

尽量后退一步，以便看到他们比他们实际认识的自己在那一刻更大、更广阔。现在，再次邀请他们更多地回到当下，观察他们从身体上和能量上发生了什么变化。当你这么做的时候，有可能他们的自我会有一些想法、信念，或者成见出现，从而不允许他们自己扩展到更深层次。你可以选择与这些想法和信念共处"玩"一会儿，看看这对客户来说是否真实；或者你也可以邀请他们暂时搁置这些思虑。随着这些思虑消退，更多的他们是谁以及他们可以成为什么会越来越多地进入这个空间"嬉戏"。这样的转变通常"嗖"的一下发生，很迅速地将能量注入并流经他们。他们将开始感受到更多打开、更多扩展、更多活力……你亦如此。

体验式实践：去应用

• 观察思维、信念、先入之见，这些可能阻碍你清晰地进入超越自我的状态。是的，当新生事物邀请你去行动的时候，对人们来说接受新生事物、放弃旧有事物会让人恐慌。

• 感知潜能准备就绪并且愿意前行的地方。真正地将你生命里全部的人和事投入其中，无处不在地闻它、品它、呼吸它、看到它。然后，一旦你与它建立联结，进入扩展延伸的状态，呼吸它，赋予它实在的生命。

• 突破各个层级的自我（个体/个性，更大/更深/整体和超越）扩展到全体的状态。每个层级给你带来怎样的感受？在生活中你通常在哪个层级？假如你很难体验到自我的这些层级，有可能你已经活在一个扩展的状态，你不得不往回走感受其他的层级。在你"玩"这个游戏的过程中，考虑到所有的可能性。对于某些人来说，特别是那些觉知力很高的人，这是非常自然而美妙的。

• 练习让客户在自我和潜能的不同层级上有所突破，看看这种教练的过程是多么令人兴奋，如果你愿意真正看见你的客户全部所能，他们就会是那么优秀。首先调频到他们的个体潜能，然后到更大潜能，再到深刻潜能，最终到纯粹潜能，看看在各个层级上能量是如何转移和变化的。你不必每次教练的时候都把四个层级的潜能过一遍，但这是一个很有趣的练习，就如锻炼增强"潜能"的肌肉，知道每一个潜能在哪里，你又如何可以在不同潜能层级和客户一起到达他们的突破性潜能。

· 拓展至全体的状态，设定意图为全体进化而工作，看看会发生什么。感受如何？有什么变化吗？你体验到流动了吗？你有感受到能量涌向你，流经你吗？当你设定意图的时候，能量的流动就会发生。它就这么发生了。假定你成为全体，找到那个宁静的、无限扩展的、宏大壮丽的、至乐的空间。但如果你只是在那儿待了很长一段时间，很可能过了一段时间你会觉得无聊。**全体**想要流动，生命想要舞动。如果你真正地成为**全体**，你将真正想要去流动和舞动，生命和潜能就会与你一起流动和舞动。

突破

从这个扩展的全体的空间，联结全世界所有有意愿在当下发展教练进入最饱满、最崭新、超大潜能的那些教练，看看会发生什么，感觉如何？对我们所有人来说，这一重大时刻的突破是什么？就在此处，你发现了突破中的突破。

第十二章　教练进化型生活

◉ **本章意图**

- 探索并共创一种进化型生活方式
- 经由生命之舞展现生命力和活力的能量

◉ **深刻潜能**

- 真正地宣告成为个体和集体进化的力量
- 实现**全体的**进化型生活

◉ **核心要点**

- **什么是进化型生活？**——接受进化的责任，并且与进化的能量合作
- **为他人教练进化范式**——将充满活力的进化型生活体验带入教练约谈中

◉ **探究性讨论**

1. 你什么时候感觉充满能量、活力、激情和力量？你会称其为进化型生

活方式吗？为什么，或者为什么不会？

2. 你是否知道什么时候在，什么时候不在进化范式中？你是如何辨识这种状态的变化的？你会对这种状态变化做些什么？

3. 目前你是否在进化状态之中教练他人？当你在这个空间中教练他人的时候会发生什么？

4. 你能否真正地宣告你就是进化的源头，也是进化的力量、媒介和催化剂？

核心内容

什么是进化型生活

进化型生活意味着:

- 生活在当下

- 在当下创造一切

- 保持完全敏锐和觉察的状态,觉知潜能和可能性,以及

- 在增强能力的新框架中运作

一旦你迈入进化的生活形态,你的生活方式将发生永久的炼金术般的改变。你的生命经验会就此不同。你成为活出来的生命本身。进化地生活,活出生命本身,为生命而活,实际上都是一回事。

你时刻活在与自我联结之中,与你周围的环境,与他人,与生命以完整和全息的方式联结。

你活在灵动心智中,也活出灵动心智,它创造了一套全新的能量,与此同时也是一种开放的全新存在方式的邀请。

你实际上是从一组振频和机会发展到另一组完全不同的振频和可能性。

想象并对比一下:一组生活在充满活力、高速、丰沛、有力的振频中,另一组生活在沉重、稠密、缓慢的振频之中。一种是轻盈、轻松的生活,另外一种是沉重、充满压力的生活。为什么会这样?因为在进化范式中,能量引导你,你只是随能量而动。你不是在和任何事物抗争。你是在和生命想经由你发生什么共创。能量实际上在邀请你与之合作。

通过全新的视角观察万事万物,处处寻找潜力。记得你对人类进化、在

进化中进化的承诺，或者当下你的任何愿景。让你自身全部步入你所承诺的事物的能量之中，成为行动中的它！

当你的生活中发生一些变化（转变、混乱、挑战等），将其视为冉冉升起的潜能。一旦你不再抗拒，与进化实相或进化范式合作，把一切发生视为进化在召唤你转化，这不仅仅是你对另外一个承诺说"是"。这就是你已经同意接受进化的责任，并与进化的能量成为合作伙伴。这远不止是做一些什么，或者一些技巧，或者实用工具，这是生命实现的一刻，你全然地接受进化的责任、约定，与进化能量成为伙伴。事实上，所有你所是的和你所做的一切进入了一个全新的存在范式，这就是你生命实现的一刻。力量在此处是非凡的、绝妙的、叹为观止的。它与旧的能量截然不同。为了新生命的诞生和实现，你和生命共舞。你不能掉以轻心，但也没有必要为此感到有任何负担。这是深刻而愉悦的。

有时候我们会在人际关系上产生顾虑，阻碍我们进一步跃入进化范式。有些人会认为如果他们继续进化成长，他们的伴侣、朋友、家人可能不会和他们一起进化，这个假设阻碍了他们采取行动迈向下一步。但这不是事实。如果你为了他人而限制了自己的成长，在那一刻你们的关系就已经走向完结了。

相反，完全做你自己，同时也接受你的伙伴做他们自己，一切都会如其所愿。享受你的探索之旅，在那些你与他们还共同拥有力量的地方保持联结。我们在这里不是为了让他人满意而放弃成为真正的自己。

当生命正在赋予你更多丰盈、更多力量、更多活力、更多创造力的时候，你怎么能阻止自己呢？为什么要这么做？我们已经发现，当你对进化式生活说"我愿意"的时候，一切参与其中的事物都变得如此美妙。当你拥抱并且迈入辽阔壮丽的进化力量时，那些旧有的迟疑和卡点都将不再以相同的方式存在。

练习

●**保持生活在进化范式中**——当面对日常挑战时，始终都从今天这个世界和生命想要经由你发生什么开始。然后感受那个想要的发生，当你感觉对了就去做吧。你会发现生命由此越来越优雅而有力。

当你的能量场正在萎缩或已经萎缩并扩张时，要意识到这一点。如果你发现自己不在进化范式中，你需要回归到进化范式（通过高我的心），通过那里的能量重新恢复活力。在那里，畅饮丰沛的创造力之泉，与处在活力真相中等待为你所用的能量结伴。

如果你对发生的一些事情觉得困惑、迷失，或者有压力，进入灵动心智的层级，在你还没有看到的一个层面或者多个层面去解读。坚持不断寻找能够让你前行的视角，恍然大悟的一声"啊哈"会让你回归，与进化范式同频。

如果你发现自己在各种潜能之间停滞不前，不要因为自己的状态评判自己。

如果你生病了，停下来，放松，照顾好自己。正好给自己一个机会探索在这些时刻中有哪些潜能。在进化范式中，你可以通过身体不适或者疾病寻求学习和成长的机会，以及实现自我的可能性，以此疗愈自己，然后不适或者疾病就神奇地走开了，当你迈向下一步它就不再需要引起你的注意。疾病往往是你身体的智慧在说："有些东西正在这里消失，有些东西正在为你生成。"如果说这些身体上的疾病是提示你生命中最新最伟大的人生突破的信号，会发生什么，我们自身具有天生的聪明才智知道实际上发生了什么，但是有时候我们没有带着觉知接收到这个讯息，因此身体才会担当起作为伙伴的角色，让你敞开大门迎接这个新的突破。你觉知越敏锐，越能够与潜能共同工作，你无意识的挑战就会越少，就如疾病，其实是你带给自己的。在觉知的状态或者进化范式，你不需要通过疾病来突破。你可以冲在浪前，犹如进化冲浪者，驾驭它，好过被浪拍倒在沙滩上。

如果你很愤怒，探索一下当下什么让你如此充满激情，它正在冉冉升起等待被你实现。如果你感到恐惧，探索一下下一步的领导力会如何发展。如果有挫败感，观察一下你在哪里觉得受到束缚和制约，发现下一个正在等待你的行动。记住，情绪是真正的能量在运动（e-motion——energy in motion）。穿越过去。

如果你觉得情绪处在低潮，完全没有能量，找出能量发生了什么变化，让能量恢复流动。有可能你的能量卡住了或者停滞了。如果是这样的话，带着觉知观察一下能量发生了什么状况，然后回到能量流动的状态中去。但是如果能量持续处在较低或者零能量的状态一段时间了，并且没有恢复能量，那么可以考虑以下两种备选方案：

1. 询问当下的世界和宇宙中正在发生什么，有什么可能正在影响你，并且召唤你立刻投入到进化的事业中。

2. 考虑到这可能是一次完全的能量跃升——一次死亡与一次重生，一场结束和另一场全新的开始。

一旦你意识到你正处在死亡和重生的进程之中，成为你自己的助产士，让生命如约而至。这个实现的过程本身会让能量回到流动之中。

你如何教练他人的进化范式

为了支持你的被教练客户跃升到进化范式，你自己必须处在进化范式中。你和你的客户都需要对这种范式有充满能量的体验；力量存在于能量中，不在谈话中，也不在任何教练的技巧和方法中。谈话可以促进向进化范式跃升，但是真正重要的是能量的流动。没有能量流动，就不存在跃升。你对他们获得突破的承诺，可以让你保持状态在线并与进化范式保持一致。

练习

● **在教练约谈中你和客户一起跃升进入进化范式**——和客户在他们激情的能量方面一起工作。那将打开高我之心，直接带你们进入进化范式。尽量不要在意结果如何，把它交给客户自然流现。坚持让他们拾起自己的力量，现在就为自己这样做。这一点看似和前面讲的相反，但实际上不是的。进化范式发生在矛盾统一中，有些时候保持冷静的同理心事实上可以为你和客户创造转化。

● **在进化范式中教练解决问题和设定目标**——如果客户有一个问题，寻求去理解问题中蕴含的潜能是什么。教练时把问题视为潜能的浮现。如果你和客户开始和当下想要发生的事物共同工作，你只需要停留在当下等待下一步应该做的事情逐渐变得清晰就可以了。

设定目标是将你想要的进行分解。但是在进化范式中目标设定不一定合适。为什么？因为你现在设定的目标有可能在未来没过几天就会发生变化或进展。作为进化教练，你的工作是培养你的客户在当下决定下一步适当的选择是什么。如果你和客户在进化范式中设定目标，要乐于频繁地让目标发生变化或转换。与能量同行，跟随能量推进事情的发展，这和设定目标并达成目标是完全不同的。这不是你的意志，而是你随之起舞的意愿。

● **在进化范式中通过死亡和重生进行教练**——问："新生的时刻到来了吗？"如果是的话，就去做吧。召唤新生的到来，让它们显化。设定意愿，然后伸出"手"联结到来的新生。你是助产士，哄着它，召唤它，支持它，鼓励它。让这个崭新的、珍贵的、美丽的存在与生命一起，和我们所有人一起"玩耍"。这些都是意义深远的时刻，人们因此而发生了翻天覆地的变化。

在这之后你的客户可能需要一段安静的时间，大约 3 天，整合新的能量。他们会想要喝大量的水，远离那些有挑战性的能量场所，如地铁和购物商场。

他们会想继续与探索新的自己一起"玩耍"。发现一个崭新的你，真的如此令人欣喜！

体验式实践：去应用

- 现在让你自己进出进化范式三次：进—出，进—出，进—出。探索能量的流动，并强健流动的肌肉。
- 选择你或者你的客户的一个有待解决的议题或者问题，发现它的潜能。一旦你那么做，能量有什么变化？当下的你在哪个范式中运作？
- 如果你感觉对的话那就去做吧，显化你的生命。从你和你的能量场迈入生命的能量场，并且设定意图成为它。这不是你作为生命行走；生命就像你一样行走。
- 在接下来的几天里，允许自己在任何时候没有任何限制，全然地允许生命希望经由你发生什么。成为一名潜能主义者前行。成为有呼吸、有生命、会走路、会说话的进化的现实，不断地进化自己。
- 成为行走的生命。现在从那个维度教练，看看会发生什么！

突破

进化教练不是帮助人们去达成他们想要的，而是教练他们为了他们和我们所有人在每时每刻带来下一个，下一个，又下一个的进化篇章。本篇的突破就是教练如何进化。

灵动心智总结

现在你已经完成了灵动心智的篇章。它将你带离头脑中的思想，进入一个充满活力、朝气、创造力、动力、闪耀、鲜活的存在，在这里你就是实现潜能的源头。我们探讨了激情、愿景、清晰、调频、本质、重塑、再创、进化、可能性、可行性、潜能，还有更多……我们正在一起进化和再进化教练这份职业，以及它能带给世界的一切。

你现在要做的是活出它，发展它，超越它。

我们衷心感谢你愿意带来**全新**的状态，并且为我们所有人而进化生命！

第二部分

灵 动 之 魂

第一章　通向合一的路线图——升华的心、整合的精神和整体的灵魂

◎ **本章意图**

- 通往合一之路的理解与概览

- 能够从进化范式进入合一

◎ **深刻潜能**

- 理解、进入并成为合一生命的自在、从容、优雅、兴奋和美妙

- 活出真实的自我，与自己的神奇本质紧密相连

◎ **核心要点**

- **我们到底是谁？**——重新定义人类

- **通向合一的路线图**——与**全体**联结的旅程

- **带着升华的心行动**——进化爱与慈悲的概念

- **整合精神**——扩展你的自我认知

- **精神与灵魂汇合**——触碰合一性

- **进化你的本质**——以及**万物**的本质
- **合一生命**——与真实的自我保持完全的协调一致

◎ 探究性讨论

1. 人是由什么构成的？

2. 合一对你意味着什么？

3. 你是否认为自己是合一的？你曾经感受过合一吗？

4. 如果答案是肯定的，那是什么样的感觉？你是如何做到的？你能否自由选择随时进入合一的状态？

5. 如何更接近我们能够成为的人？

核心内容

我们到底是谁?

我们是生活在某个微不足道的星系中的一个微小星球上的渺小生命，对发生在我们周围的一切无能为力；**还是**令人惊奇的、玄奥而伟大的生命，拥有神奇的力量，能够无处不在地创造万物、改变意识并且催生进化？我们是微小生命的点点滴滴，还是正在展开的炼金术式的伟大生命？

你可以选择你对自己生命的看法。

我们提供的是一个完全变革性的视角转变，它是关于如何将我们视为新的进化人类，以及如何作为新的进化人类去生活。我们先来看看人类的组成部分，就像我们一直以来的样子。然后，我们将以一种全新的方式去探索自我。

身体——人的身体就其物质复杂性和能力而言是令人惊叹的。当你把物质身体视为你一切的中心焦点时，它会变得更加激动人心。从这个角度看，身体是物质并且超越物质，是所有一切交织而成的一个完整的自我体验。从这里，它成为有生命的灵动的身体，与世间**万物**超级联结。

心——心是通向拓展之门，也是联结到更大的你和**万物**之门。心向我们的身体输送生命的力量……以及更多。它在我们的生命中发挥着积极作用，超出了我们已经认识和理解的范围。升华的心是进化运动的发起者。在生命旅程中它不是消极的参与者，而是促成者。它推动创造变成现实。

精神——精神传统上被定义为更高的自我，被认为是与你分离的东西，就好像你与它隔离，或者它以某种方式远离你。在那种模式下，你的力量存在于更高的层面。但在本书中我们将把你自己的全部力量带回到你的物质身体中，作为全部的你活出合一的状态。整合的精神映射出你过去、现在和将来的所有方面，形成当下的智慧和了知。这种具象化的精神是作为**全体**的你完全活在当下。它是真正的生命宣言。你不是在等待事情的发生，你拥有你全部的力量并要求参与创造。有了具象化的精神，你的一切永远都在进化。

灵魂——灵魂过去常被认为受制于命运轮回，并迫切需要得到解脱。人们把它看作宝贵而脆弱的，我们必须把它珍藏在体内，免受外界的伤害。很多人由于害怕他们的灵魂受到伤害，从不允许自己有机会表达自己的灵魂。但是今天，灵魂迈着舞步成为鲜活的现实。我们对灵魂的感知和联结正在从我们体内一个微小的、受保护的东西，转变为一个全方位的、充满活力的生命源泉，它赋予我们与一切事物的联结。我们将仅仅藏于体内的灵魂拓展到我们内外的所有空间。将灵魂带入生命的鲜活体验就是灵魂通过合一进入**灵动之魂**。灵魂的真正力量是合一。

合一和本质：合一是你感觉和自己完全彻底协调一致的状态，是**万物**的能量自然地流经你的状态。在合一的状态，和自我的协调一致包括和本质的协调一致。本质是你的核心，你最纯粹的源头。它是你生命的源头，是你永远不变的品质……它本质上就是你！在合一的状态，你能够更加轻松自然地接触到本质，从而能够活出更加真实的自我。它将本质带入你的生命体验。它是关于作为真正的你去生活所带来的清晰、打开和自由。

通向合一生命的路线图

通向合一生命的路线图首先且最重要的是需要一颗打开的心，由此实现和一切事物的联结。当你打开心扉，精神的各个方面就会开始整合。这些方面包括过去和未来的生活、智慧、意识，以及现在与你共存的那些你可能意识到或者没有意识到的组成部分。当你的心打开时，你所有的这些面向会更容易进入你有意识的觉知中。你开始在此时此地将你所有的这些部分整合起来。这需要花很长时间或者包含很多程序吗？它是一种个人的选择，取决于你希望它怎样发生。它可以发生在一瞬间，也可以是一个悠闲的旅程，或者你可以抗拒它，让它成为一个更漫长和烦琐的过程。

接下来是打开你的灵魂，让它成为你所有或部分面向的接收器。你要怎样做呢？要愿意在生活中展现你内在的真实自我。要愿意向世界坦露你的灵魂。你真实表达，活出真实的自己——没有秘密。你活出透明的你。

大多数人一生都在设法不让世人看到他们真实的自我，但是通向合一的先决条件是愿意打开……不是易受伤害地打开，而是有力地、热情地、真实地、充分地、完全地打开。当你向合一打开时，一些奇怪的想法会冒出来——因为你的某个部分认为这是在保护你的安全。一旦你的灵魂打开了，你会发现真正的安全来自合一的生命、协调一致的生命和对自我的真实。灵魂带来真正合一的力量。在这里甚至没有安全这个词。你是你自己力量的源头，体验着、创造着并进化着生命！

在合一状态，你的本质自然地向你敞开。联结到你的本质就像是释放出真正的你，你能够有觉知地意识到它存在于你的每一个细胞中，你可以感受到它。有意识地关注你的本质，并设定意图让它现在与你同在。和它建立关系，探索它的（即你的）品质。你真正的本质是谁？你存在的意义是什么？我们在此并非在谈论人生目的。我们在指引你发现你根本的源头……是什么构成了你并且使你不同于其他所有人？

带着升华的心行动

让我们设定意图从打开的、略显消极的内心体验转向积极的、升华的内心体验。这意味着，尽管发现并享受内心温柔的层面（比如爱、同情、平静、和谐）是非常美好的，但你会超越这些层面。有些人在通往合一的旅程上愿意体验这些温柔的能量，为的是以一种新的方式找到并展现自我。一旦他们体验并整合了这一层次，往往随后就会产生一种超越它的渴望，想要进入更为积极和升华的层次。

升华的心是心和高我之心的结合。这个结合创造出一颗强壮有力的心，它成为行动的发起者。这正是打开的心和升华的心之间的区别……行动！

人们在从打开的心转向升华的心时经常想到的一个问题是关于同情。同情会创造一系列的能量，使你和其他人陷入创伤和心理戏剧的痛苦中。在升华的心这一层次，同情被赋予不同的视角，一种更为超然的同情在发挥着作用。

超然的同情，来自升华的心，能够带来更加清晰的行动，从而切实地发现并解决他人面临的问题。并不是说你不在乎他人，你非常在乎。只不过你关注的是现在什么能最有效地推动他们进入更高的层次。你不会陷入问题当中，而是去关注和探索潜能。

我们谈论的是炼金术造物之旅的行动和力量。升华的心是进化行动的发起者。它是关于超越我们对爱和同情的认识。升华的心帮助我们进化这些观念，并将爱和同情带到全新的能量层次。

练习

● 从打开的心进入升华的心——要想打开心，可以视觉想象：一个阳光灿烂的日子，在你的心前面有一扇门正朝向花园敞开着。深吸一口气，将阳光吸入体内。心的打开会自然地促使滋养的能量状态（关爱、疗愈、探索、发现、存在）开始流动。打开高我之心，想象你的激情所在。这种打开将为源头能量（即激情、潜能、力量）敞开通道，这种能量可以加速升华运动。

只有打开高我之心，才能开始形成升华的心。升华的心实际上是由完全开放的心和高我之心组成的，两者进入炼金术的活跃状态（转变、创造、进化），和潜能的能量一同发挥作用。感觉你的心是一个你面前的巨大魔法空间，而不只是你内在的一个小空间。想象你的心是世界上一种炼金术的力量，而你是它的造物主。变成这颗巨大而神奇的心。记住，这不是被动的……这是炼金术。体会炼金术之心的感觉。

●**激活升华的心**——从消极的模式转向积极的炼金术模式——你需要从完全开放的状态联结到创造。你只是设定这样的意图，看看会发生什么。现在设定意图去激活你升华的心，让它成为神奇的转变、创造和进化状态的发动者和催化剂。通过升华的心，完整的你联结到创造，并且创造会成为你自然而优美的存在状态。一旦升华的心被激活，你就能轻易地联结到你的本质和源头能量。内在核心得到拓展，使活跃的能量和新的力量直接从你的源头涌出。正是这种能量推动着炼金术式的舞动。

●**活出升华的心**——打开升华的心将会创造一种新的生命体验，这时你不再活在身不由己的现实中，你将成为现实的创造者。当活出升华的心并以此状态进行联结时，从头脑进入**灵动心智**的过程是简单顺畅的。你将跳出思维，展现智慧、了知和内在的觉察力，它们将成为你日常生活以及灵动意识中必要的组成部分。

在升华的心这一层次，你和潜能的关系会发生转化和进化，推动你接近无限的可能性和瞬息万变的现实创造。在这里有一种奇妙的感觉，那就是存在和创造的自由，自由地去实现你想要实现的生命。你生活在源源不断地创造新事物的兴奋中。你寻求改变，实现转化，创造进化。当你生活在合一状态并且与本质相连时，你就变成了本质上的你。你情不自禁地只想这样去生活。在由升华的心所创造的空间里，这样的状态会随之而来。

让你的升华之心拓展成为**全体**之心。唤起你**全部**的力量……过去、现在、将来、超越时间之外。

现在，用你的心创造奇迹。例如，你可以通过热爱使某件事情变成现实……不过不是站在消极的爱的立场接受事物的现状。你的出发点应该是富有激情、充满活力和来自源头的升华的爱，在这里你完全与自我、他人和万物保持合一状态。见证他人生命的本质（看到他们真正的身份），探索升华的爱带来的真实力量，以及爱上他人真正的身份所具有的真实力量。这是在炼金术行动中呈现的升华的心。

想想你最喜欢的一首曲子，感受它、舞动它、爱它。现在，你要意识到，即使是这首优美的曲子，也许仍有一些不为人知的美妙之处。运用你升华的心去探索这首曲子最纯粹的美妙之处并且将它从沉睡中唤醒。你不必知道它是什么，交由你的升华之心去做就好了！然后用充满激情的爱将这些未曾呈现的美妙之处带入这首曲子中，并且将它带入意识层面供所有人欣赏。

●**激活客户升华的心**——想象在你面前有一位客户。现在你成为升华的心并且设定意图，在此刻唤起这个人的突破。你只要允许突破出现就好了，看看会发生什么。运用你升华的心让美丽、神奇的**生命**成为现实。

整合精神

在传统的灵性观念中，精神的体现更像是望尘莫及的，或者大到难以整合。在这本书里，我们是从合一的视角去谈论精神，这意味着你开始作为精神的全部活在现代生活里，拥有它的所有智慧和能量，把它体现在日常的言谈和工作中。这不是把你的力量交付给比你更大的某种力量。它是关于拥有你自己真正的力量。

在这里你有很多可能性可供选择。你能够随时唤起并且活在你愿意选择的任何状态中。现在唯一可能阻止你的，就是关于行为预期的诸多文化框框。

所以，你要愿意抛弃这些框框，投入当下的舞动。释放自己去创造你是谁，从一个更丰富、更广阔的角度去理解生命。选择惊讶于真实的你和你能成为怎样的人。

也许我们并不是生活在一个微小星球上的渺小的人。也许我们携带着亿万年的生命阅历，它们来自四面八方，超越时间并且贯穿生命的方方面面。非常有趣的一点是，当你开始探索你的其他方面时，起初的情形有可能像是你也许走得太远，变得自命不凡或者离开当下去往另一个时空。但这并不是实际的情况。正是对你全部的这些方面的认可使你的新生命如此真实。我们建议你丢掉那些关于自大或自负等的想法，只是好奇地踏上发现"你"的旅程，看看它会把你带到何处。

有些人自尊水平低并且缺乏自信。然而一旦你接触到自己具象化的精神（embodied spirit），以及那个更伟大/更广阔的你，你会突然发现自尊和自信唾手可得。这两种品质不是你生来就有或者生来就无的。它们是你可以掌控的能量体验。

作为一名教练，如果你想在自尊、自信、愿景、激情等方面支持一个人，更简单的方式是支持这个人成长（即整合精神、开放灵魂进入合一状态），而不是从渺小的生命状态开始努力。

有很多途径去联结到精神并整合它。我们将在本书中去探索这些。需要知道的是，这实际上会是一个永无止境的充满纯粹喜悦的过程，你不断创造出更新的自己。这并不是说你要成为什么，然后一旦到了那里，就结束了。你会持续不断地成长、进化、拓展自己。精神之旅只是"**你**"扩展实现的一部分。

练习

● **作为整合的精神而生活**——首先，你必须愿意承认，你有比能看到的更多的东西。你想要承认你梦想可能成为的样子、你在冥想和观想中看到的、你对过去和未来的辉煌的一瞥，这些部分都是真实的。

下一步，要愿意去发现你的这些方面，并将其融入你现在的生活中。所以第一个问题是"你愿意成为你一直梦想的自己吗"。

你必须愿意把你所发现的你是谁以及你是什么，转化为现实生活中的你。你要找到各种途径将你的这些方面表达为鲜活的现实。这或许很简单，就像从一个拓展的位置说话，将新的智慧带入你的言行中。这也许看起来像是穿上与以往不同的服装，更能彰显你的本质；或者为你或你的公司起一个新名字，更好地表达你是谁。

要愿意活在这种力量中，每时每刻创造当下需要的，并寻找生命的源头。愿意更多地活在这个拓展的空间里。当你不在这种拓展状态时，要有觉察，然后再次回到这种状态，并进入你的力量中。

假设你感觉到威胁，或者因为某件事而情绪失控……甚至在最有挑战性的时刻，你可以唤起你更伟大/更广阔的一面，让它帮助你优雅、明智、从容地渡过难关。

作为整合的精神，你可以选择自己的进化节奏。在这个空间不存在既定的业力。命运每时每刻都在被重新创造。一些约定被解除并/或重写。这是一个完全不同的新范式。你不必等到离开这个地球再重新做回你自己。在这一生中，我们就要在此时此刻实现生命的全部，完结过去并且为我们所有人创造一个崭新的未来……我们的精神永远在其中翱翔、成长和进化。

精神与灵魂汇合

当灵魂与具象化的精神汇合，会发生什么？

这是一种飞机着陆的感觉，一种回家的感觉，一种与自己融为一体的感觉。这就像灵魂是着陆跑道，让你更伟大、更广阔、更深刻、更内在的部分在一个盛大的拓展的庆典中汇合。

我们不是在用以前的方式谈论灵魂。我们指的不是你藏在里面的脆弱且珍贵的东西。我们谈论的是你真实力量的源泉，你的本质在生命中闪耀。我们谈论的是生活在灵动之魂的力量中，以及在你们所有人与所有生命相连的合一性中。

灵魂是巨大有力的，整合的精神是极其广阔的，这两者的汇合会使你从深度和广度上深刻领悟你真正拥有的广阔性和伟大性。它是你的深度、广度和玄奥（灵魂）与你的知识、经验和智慧（精神）的结合。

当灵魂与精神汇合时，创造就变得更加容易并且更具有可能性。我们从一成不变的状态进入创造性的生存方式。在这里，我们更愿意去塑造自我并共创新的生命形式，而不是生活在惯常的或目前的状态中。

简单地说，合一就是精神和灵魂的汇合。当它们汇合时，合一会自然出现。这就像是在你的空间里没有任何阻碍、封闭或漏洞。你的精神和灵魂汇集成一个大"你"！你不再将能量状态联结到你习以为常的那个你（过去），而是将它联结到你一直渴望实现的那个真正的你（未来的当下）。

当你进入合一状态时，你的内在（灵魂）和外在（精神）协调一致，从而引发炼金术式的再创造，随之允许来自四面八方的活力能量周流你的全身。

一旦你达到合一，你将生活在重构的新生命中，它维持着富有活力的能量流动。进入合一能够一次完成吗？是的，但并非总是可能或者必须以这种方式进入合一。帮助一个人完成整合过程进入合一可能需要经过几个阶段、多次教练会谈或者多种突破。如果是这样的话，留心观察他们的能量此刻在哪里运作。他们的心是完全打开的吗？他们的灵魂得到释放了吗？他们的精神得到整合和体现了吗？

进化你的本质

当你处于合一时，你的本质就可以为你所用，让它活跃地流经你。当你与本质保持联结，当它流经你，你会获得难以置信的、真实的、纯粹的力量。为什么会这样？

1. 因为你和整体进行超级联结，会体验到合一和联结的真正内涵。你会同时体验到你是它的一部分，同时又是它的全部。这是充满活力的极乐状态！

2. 因为你联结到想要随时通过你发生的事物，并与之保持一致，这会为你带来能量的激增，从而提高你炼金术式的投入和产出。

本质是最纯粹的你，它是在你身上流动的一股清晰的能量，它构成你的特质。它是组成你的原材料。它是你独一无二的表现。

但你的本质是可变的吗？是的。万物可以进化，本质也可以进化。

本质是独一无二的、个性化的吗？是，也不是。你越与进化范式保持一致，你的本质也越会转化和舞动。在进化范式里，你的本质与**全体**的需要保持一致，并且同步发生改变，但是对你来说它总是独特的。你的本质在任何时候都能改变自己，去匹配想要发生的事物。这意味着你不是一成不变的人，你能够使自己永远地转化、改变和进化。事实上，你能够成为进化本身，或者全体，或创造的本质。

本质是你的能量，它来自你的源头。在此之前，每个人以及所有人，作为人类的真正的源头或许并没有完全呈现出来。然而你的个人本质，以前作为某些品质可能一直伴随着你，但你和我们的集体本质当下正在演变，并对我们所有人来说变得更加可见。当我们愿意进化我们自己的本质时，**全体**的本质都可以进化。

拥有一个可以变化的本质是一种令人惊奇的体验——自由、灵活、邂逅、遇见和体验自我以及超越自我的不同方面。你有更多的活力，以及更广泛地了解你是谁——作为一个永无止境的、多方面的、多维的存在。

练习

●**进入本质**——简单地打开高我之心和内在核心。联结到你的源头（只是设定这样的意图，看看你的能量在哪里以及如何移动），然后允许你的源头能量流经你。当你的本质出现时，它最初可能与品质和能量的流动有关。但当它继续展现自己并与所体现的精神相结合时，它通常会通过你看到和体验到的图像形成原型。例如龙或天使，但这并非意味着你真的是龙或天使。这意味着你的本质与图片或符号所代表的东西有关，这会比文字所能表达的更加充分。例如，龙可能代表一种充满激情的与创造性的联结，而天使可能代表一种富有同理心的疗愈力量。

一旦你的本质更多地与你同在，去探索它。它有哪些品质？感觉如何？如果你必须创造一个原型形象来匹配这一本质，那么它（即你）会是什么样子？

●**联结到他人的本质**——成为扩展的升华的心，以这种状态与你选择的人建立深度联结。想要充分地、完全地、愉快地体验他们的本质，就像你正在闻一朵华丽的宇宙之花的本质一样。完全敞开心扉，为这个人的真实身份而惊叹，让你们之间的能量之门打开，向你展示他们的本质。本质是一种纯粹的东西，它只会出现在一个完全尊重和尊敬的空间。

注意，当你做这个练习时，你的感觉如何？当你接触到另一个人真实、纯粹的本质时，你会有什么感觉？你与自己……以及超越自己的东西有更多联结吗？你是否有双重体验，在他们的高维存在状态面前更加谦卑，同时又变得更像你自己？认识到他人的本质，会在你以及与你一起工作的人身上创造出更多的本质。在这个空间里，你能够发现进化的本质，因为你意识到，坚持认为自己是谁，或者一直是谁，实际上会妨碍你即将成为谁。

合一的生命

合一的生命是指活在拓展的状态中，与你自然活泼的能量流相联结。它是和你真正的自我完全协调一致的生命状态。当你处于合一状态时，你能感知到去做某事是对的还是错的。在你离开与自我协调一致和合一的状态之前，可以决定做或不做这件事。

合一的生命是我们需要学会去锻炼的一块能量肌肉。当你感觉不到合一时，学会识别这种感觉，以及识别如何推动你的能量（思维、心灵、精神、灵魂、本质）再次进入协调一致的状态。

什么会使你失去协调一致的状态？做一件不适合你的事情，对自己不真实，或者说一些违背信念的话，这些都会破坏你和自我的完整统一，令你瞬间失去一致性。

掌控你的能量状态是可能的。在合一状态中，决定和选择更多地来自一种了知的感觉，以及一种能量联结的感觉。一旦你体验到了合一，就更难去做那些令你脱离一致性的事情，因为当你与自己保持一致时，你感觉非常好（更清晰、更有活力、更完整）。你的天线向外伸展，如果一项决定不适合你，你的身体和能量就会通过显示失调状态提醒你注意这个问题。这时你需要重新调整你的行动，使它与你真实的意图保持一致，从而返回合一状态。

合一地生活会改变你感知生命、活出生命以及与生命联结的方式。

练习

● **保持与合一的联结**——假设出现了一种具有挑战性的情况。你怎么做？呼吸、放松、扩展，从一个更开阔的位置来看这一切是关于什么和为了什么。

理解你为什么创造了这种情况，将帮助你再次恢复完整性。在这种情况下，不要评判自己或他人。评判使人无法保持合一状态。

体验式实践：去应用

●假设你还不完全了解自己。假设你有比看到的更多的东西，而你的这些层次在你有意识的觉知中。给自己留出空间，让**更多**的你进入你的真实生活体验！

●设定意图，一整天都活在合一的状态中。看看那是什么感觉。注意你什么时候在合一状态，什么时候不在合一状态。有什么区别？你能随时把自己带回合一状态吗？

●以你接下来的五个客户为例，在和他们一起工作时，设定意图处于合一的状态并且以合一为目的，看看这对教练过程和你们共同取得的成果有什么不同。观察他们在自己的合一旅途中所处的位置，并记得当下停留在这个位置上，因为他们可能已经超越合一，进入了进化的下一个层次。所以，在当下与你的了知共舞，在你和他们现在准备好要去的层级去教练。

突破

人类在进化。我们已经从一个封闭的能量系统转变为一个开放的能量系统，在这个系统中，与自我、他人以及万物合一并联结，都只是简单的呼吸。进化研究院的全部工作都是基于，将你和全体人类从有问题要解决的渺小的、封闭能量的存在，转变为有贡献的、巨大的、开放能量的存在。这就是生命合一的力量和突破。

第二章　在进化范式中进化灵魂

〇 本章意图

- 在进化范式中理解和推进灵魂进化
- 在灵动之魂中探索炼金术的优雅

〇 深刻潜能

- 作为人类进化的一部分，有觉知地成为崭新的灵动之魂
- 有意识地共创这样的进化

〇 核心要点

- **灵魂的进化**——成为一股灵动的炼金术的力量，找到生命进化的来源
- **活在灵动之魂中**——我们已然活在这样的状态中
- **在灵动之魂层面联结其他灵动之魂**——作为**无限全体**（Limitless All）联结**全体**
- **活出灵动之魂**——在持续进化、崭新的当下前行、玩耍和舞动
- **灵动之魂的真实力量**——成为令人惊叹的生命的**超级创造者**

◎ 探究性讨论

1. 你和你的灵魂保持联结吗？当你和它联结时，是什么感觉？你在哪里和灵魂建立联结？

2. 你是否意识到灵魂是持续进化的？如果是的话，你是如何意识到的？进化的灵魂有什么不同？

3. 你是否感知到与灵魂相关的力量？如果是，你是如何获取它并体验它的？

4. 你是否体验过在灵动之魂中具有全新品质的升华的爱？它和你以前了解到的爱有什么不同？

核心内容

灵魂的进化

在过去，灵魂被视为珍贵而脆弱的，通常被珍藏在内在深处，以远离这个广阔凶险的世界。我们非常珍视灵魂，以至把它的大部分都留给了自己。当我们联结到他人的灵魂时，这种体验往往非常令我们感动，因为我们在这个层面发现了纯粹的联结。灵魂的能量体验是深深的触动和深刻的激发。在这个空间和他人的灵魂联结通常会感受到幸福、平和、宁静和深刻。而灵魂本来就是如此。近些年来，我们开始有意识地进化灵魂的本质，使它充满激情，热爱，创造和炼金术般的生机！因此，**灵动之魂诞生了！**

今天，灵魂的全新体验是强健、积极、活跃、充满力量和激情。现在我们作为灵动之魂去生活和呼吸，活出积极并持续进化。我们走出过去个人自我灵魂的旧有感受，进化到一个生机勃勃、持续进化、有感知力的灵魂，丰盛既在我们之外又在我们之内。

灵魂已经从个人经验进化到与一切彼此联结的鲜活经验。在空气中充满了全新的灵动之魂。你能嗅到它的气息。是的，在过去灵魂总是关于彼此联结；这是自然本质。但现在，它不仅仅是以彼此联结为基础，而是活跃在联结状态中。

灵动之魂并非意味着我们充满激情地活着。那是活在灵魂中，是不同的能量体验。灵动之魂意味着你成为全新的鲜活的灵魂，并且在这种状态中去做所有事情。你从旧的个性范式向进化范式迈出了一步：作为进化的全部，活得超有意识、超级联结、充满活力。在这一步中，你存在的源头和我们集体存在的源头被重新创造和进化。我们迈入人类进化和重塑的鲜活体验中。

　　作为灵动之魂，我们成为生命，和生命一起，并且为了生命去发现、创造以及生活在充满活力的、动态的彼此联结之中。我们成为生命和全体，持续进化自身。因此我们开始更积极地将生命的本源视为灵动之魂——而不是仅仅作为一个灵魂来体验生命。

　　在灵动之魂中，生命、全体、本源和创造是相通的。就好似它们都汇集成一个巨大而又神奇的全新存在，它随时随地创造着一切。但是这个存在并不是遥不可及的神，独立地存在着。相反，这个存在是鲜活的炼金术的力量，它在探寻我们所知道的生命进化的来源。我们拥有难以置信的机会成为这个全新的炼金术的存在，也正因如此，我们每时每刻的舞动都在进化生命。这是我们人类，也是存在的本质和结构的真正重塑。

　　灵动之魂为我们和新力量的关系提供了一个巨大的转变。旧力量是我们对他人做些什么。这是关于凌驾他人之上的力量，很有可能被误用。新力量是由你神奇地唤醒和点燃的。新力量是炼金术的超级创造。在灵动之魂中，你成为造物主，炼金术般地超级创造着自身。你在生命想要的方式中生活，并与生命共舞。你探索生命的来源。生命在恩宠的车道上，伴随着真正潜能的力量翩翩起舞，它像泡泡一样不断地冒升，经由你展现开来。新力量是深刻的、令人惊叹的、联结的、愉悦的、令人振奋的。感觉上你是在一种兴奋的、合作的、创造的流之中，这是一种与令人兴奋的创造共舞的真实体验。

　　如果你回顾灵动心智课程，进入灵魂会引发合一并且超越合一。在灵动之魂中，进入集体的灵动之魂会进入一个非同凡响的全新世界：全然活在进化范式中。从灵魂到灵动之魂的跨越是从旧的现实迈入一个动态的、活跃的、崭新的、不断进化的现实。

　　灵动之魂和灵动心智是如何联结和互动的？也许它们是一样的，但它们可以以不同的方式区分和体验。可能灵动之魂是灵动心智的扩展和增强版。

灵动心智，我们曾经提到过，是没有存在性质的一种宏大智慧。换句话说，灵动心智更像信息、知识、智慧。灵动之魂将存在性带入鲜活的智慧中。在这里我们把有觉知的意识带到了智能中，表现为了知和智慧。换句话说，在灵动之魂中一切都是鲜活的。这是真正的炼金术发挥作用的地方。

灵动心智让你理解并且清晰地知道做些什么可以带给我们转化、创造、进化和突破。灵动之魂与灵动心智共舞，创造炼金术的力量来启动这些活动。一旦进入灵动之魂，我们就开始改变和进化我们身为人类、身为集体的本质。灵动之魂让超级创造的过程成为可能，比单独的灵动心智所能提供的力量更大。当它们在一起的时候彼此有催化作用，产生整体大于部分之和的效果。

当灵动之魂与灵动心智结合，我们能够每时每刻完全重新设计自己。我们的本质就是炼金术。我们从个体本质进入**全体本质**。

在灵动之魂中，你拥有很强的了知的感觉。灵动的智能内置在灵动之魂里。你知道，就好像你一直都知道，它让你狂喜、兴奋、惊叹。当灵动之魂融入你身体里的每一个细胞，你的每一个细胞都成为灵动的智能，从心智到灵动心智的活动一直在转化和进化。这不是关于从心智（聚焦在头脑）进入灵动心智（就在周遭环绕着的空气中），而更像是有关细胞能力的进化，以及头脑能力的进化，在人类物质身体内发挥一切功能。哇，我们的心智、头脑、思维和人类的所有能力都在向灵动之魂转变。

将灵魂带入生命的体验

灵动之魂早已存在。它充满了我们呼吸的空气，当我们在创作本篇时，它已经开始充满了我们身体的每一个细胞。全体人类都在这个状态中，但不是每一个人都能够清醒地意识到。他们可能无法用言语描述，只能说他们感觉不一样。

但是，身为教练，我们有责任打开生活在灵动之魂中的觉知吗？是的！作为进化教练，这是我们的工作，将有意识的觉知和理解带入生命中，因为我们对自己的生活方式越有觉知，我们就越能够强而有力地共同创造。

作为一名进化教练，你的工作就是跟随灵动之魂的力量并与之玩要。无论何时何地，所言所行都鼓励活在灵动之魂中。你的工作就是教练每位客户开启这场壮丽宏大的运动和进化式转变。与你正在教练的人、与生命、与创造，以及与一切在全新的层面上共舞，这能够给你带来全新的清晰度、聚焦和能量。作为进化教练，作为灵动之魂，这关乎尊重生命的每一次呼吸，共同创造生命的进化。

成为行走的灵动之魂。一旦你完全成为它，你会发现一整套全新的方式去生活和感知生命。一切都由此发生彻底的改变。事情变得非常清晰，非常当下。它更有活力、闪耀、优雅、充满创造力。万物生机勃勃，焕发出生命的光彩。

练习

● **进入灵动之魂**——呼吸、放松、拓展、延伸。现在有意愿融入这运动，允许自己进入灵动之魂的全然、鲜活、丰盛的体验之中。睁开你的眼睛，站起来，成为行走的灵动之魂。感觉怎么样？

● **教练灵动之魂**——如果你正在教练的人已经联结了他们的灵魂，已经从内部经验转向外部世界活出来了，那么让他们进入灵动之魂将是轻而易举的事。从他们生活在自己灵魂中所处的位置，从灵魂创造的整体性出发，现在邀约他们迈出一步进入灵动之魂，这一步是从个体灵魂的感知迈入更广阔、更宏大的全体进化的灵魂感知。

如果你教练的人还没有完全与他们的灵魂联结，如果他们迈出这一步有困难，这里有一些事情你可以去做，以帮助他们联结到灵动之魂。

·让他们假想他们就是灵动的生命本身。这有助于他们联结灵动之魂的能量。

·通过鲜活的语言召唤他们进入灵动之魂的流动之中。当你成为灵动之魂，你就是灵动之魂在说话。为了能量的流动，你在用炼金术的语言说话，所以如果你允许自己这么做，那么你正在教练的人将被唤起进入灵动之魂。

·炼金术般的力量，即热爱他们进入灵动之魂的状态中。这是关于理解和点燃他们最深和最广的存在，了解他们真正是谁。见证这一生命的绽放，并且认识到在灵动之魂中，这不是一次个体的绽放，这是一场集体的互动之舞，为全体而实现的绽放。

·坚持这样的事实：他们已然在灵动之魂中，只要他们真正意识到他们在灵动之魂中，他们将自然、自动地成为它。事实上，当你是从他们已然是灵动之魂的层级中教练，它会让你的教练过程优雅又轻松。

·让他们知道他们已然是灵动之魂了。以任何你和他们当下合适的方式诠释从灵魂到灵动之魂的过程。帮助他们理解他们正在穿越，却一直无法用言语表述的东西是什么。你不需要用本书的语言向他人解读灵动之魂。让灵动之魂像你一样说话，作为你独一无二的体验，分享任何可以点亮生命的真知灼见。

在灵动之魂层面与他人联结

联结灵动之魂是一种流动的、多面向的体验，而不是一个人与另一个人联结的线性体验。一切在流动中舞动，互相交织。联结同时发生在所有层面。我们在灵动之魂中愉悦地联结其他人的卓越和美丽。

如果你毫不怀疑我们全都已经在那里了，那我们就已经在那里了。我们已经活力满满、紧密相连。在此，我们发现任何当下想被谈及或者想被教练的事情都会立刻显化出来。

人类老式的灵魂联结让我们觉得彼此分离，仿佛身处遥远天平一端的我被身处遥远天平另一端的你深深打动。但是在灵动之魂中的联结是一种高振频、有活力的，有时会有狂喜的体验，伴随着喜悦和认可，认知到我们全体的辉煌荣光。在灵动之魂中，当一个人与另一个人联结时，整体都将活力闪烁。每一次呼吸都是进化的炼金术。

在灵动之魂中，你自动联结他人，不仅是物质的身体，不仅是他们的高频能量，不仅是他们的灵魂能量。你和他们联结的时候就像他们是一切，而你也是一切。但你对此的体验不一定是"合一"。它更像是一个独特的整体联结另一个独特的整体。

在灵动之魂中新的联结运行是非常流畅的，因为我们不会有关于人类应该是什么样的思维和信念。对于我们是谁、我们可以成为谁，我们有一个更为开放流动的态度。你可以无限联结另一个人，没有任何框架、视角或者假定。你允许任何其想要成为的东西，不管那是什么，这里允许任何事情发生。当你在教练、舞动和只是简单地存在时，你实际上正在为人类进化而工作。

在灵动之魂中你如何与其他人实现集体联结？设定这样的意图，你将发现联结的机会在你周围层出不穷。作为一个广阔的鲜活的临在，你将成为一个整体的超级联结。再次提醒，它与"合一"不是一回事儿。合一通常是一种平和、知足，甚至被动的体验。但是在全新的灵动之魂的集体体验中，那是你和其他人都有的愉悦、高能、无所不在的独特体验。

在这种体验中，你可以发现每一个个体的能力都是为整体而准备的。让我们花点时间充分理解这句话。有可能我们的天赋和能力不再是我们个体灵魂和本质所独有的，取而代之的是供所有人选择的全部的天赋和能力。在灵动之魂中，任何人都可以是天才，任何人都可以是艺术家，任何人都可以是领导者。所有这一切都供全体所用。

在灵动之魂中，活力开放，真实临在。在灵动之魂中，我们学习打开和通透。当我们全体彼此联结，探本溯源我们自身下一个最新层面，我们又有什么好掩藏的呢？在灵动之魂中，我们发现我们愿意全然地展露我们自己，以便将其全部带入鲜活的临在。在某些层面，我们已然是进化中的全新的人类。灵动之魂虽然是新近才创建的，但它是真实存在的。

身为一名教练，通过支持你的被教练者把这些认知和进化更多地融入现实生活中，你可以促进意识进化的运动。你可以在进化之舞中与他们合作。身为一名教练，你可以在每一场教练约谈中促进人类进化。你可以通过每一次呼吸释放我们无限的可能性。如果你真正地与这份了知校准对齐，那么一切皆有可能。

当你知道教练对象已经是进化的存在，他们进化的过程正在持续不断地展开，这时你需要做些什么？你调整自己，联结到他们所在的层级对齐，认知到这是鲜活的现实。你在那里和他们互动。你不必从他们的视角去想什么是真实的或什么是不真实的。你可以与这个不同凡响、卓越的、进化版的存在保持对齐。身为一名教练，无论你的客户目前现况如何，或者他们是怎么看待自己的，你都要保持真实。如果你持续在灵动之魂中与客户互动，他们活在灵动之魂的体验将越来越容易。

为了做到这一点，需要有一幅更大的画面。当你教练每一个客户时，你必须愿意促进人类进化。换句话说，你必须成为我们全体的灵动之魂，在联结和实现的旅途中持续进化。要愿意超越之前所有人的想法去认识你的客户全部的目标、激情和愿景。让他们拥有无限可能性。当你教练他们的热情和激情转化为现实时，你发现自己作为一名进化战略家，正在进化团队中培养有领导力的队员。

如果你或他们认为他们还没有准备好，那么与某人甚至全人类在这个层面上联结是正确的吗？当然可以，因为世界因此而更美好。有时候你看到的他们和他们所在的位置可能差异巨大，但是如果你请求他们只是允许，而不是试图搞清楚状况，一切的发生都会更加轻松顺畅。允许灵动之魂就是这样，创造出如此令人惊叹的舞动，持续展开，优雅地成为。

练习

● **在灵动之魂层面联结灵动之魂**——有意愿与你认识的、你爱的人在灵动之魂与灵动之魂的层面联结。想象那个人在你的面前，你完全敞开心扉，设想你完全不知道他们是谁，也不知道他们可以成为什么。坚定地打开并愿意去发现他们对我们所有人的进化贡献。当你这么做的时候会发生什么？仿佛你是全体，他们也是全体，你们联结，共同进入一切皆有可能的炼金之舞，作为无限全体联结无限全体。

● **作为灵动之魂集体联结**——成为灵动之魂，去了解、感知、感受、联结一切万物内在相连的灵动触须。只要你有这样的意愿，你将体验到自己可以成为更多。有意愿超越你对自己的认知，在整体的体验中翩翩起舞。

作为灵动之魂生活

在灵动之魂中，你也是灵动心智、炼金之心、整合的精神，等等。实际上，这些并不是分离的东西；只不过把它们区分开有助于你创造炼金的活动。这是在超级互联的灵动空间内非常精微的舞动和活动，创造着整体的进化范式。

有意愿成为行走的灵动之魂，看看会发生什么。允许你自己成为灵动之魂，设定意图，作为鲜活的灵动之魂，想多久就多久。你可以让这成为永久的转变，但是始终保持意愿允许自己进化到下一个层级。现在灵动之魂或许是一回事儿，但是说不定明天一切都会转变、舞动、进化到更高的层级。你必须有意愿保持前行、成为和进化。这就是进化范式无比美妙之处……它永远不会停滞不前，我们是一体，一起创造和管理这一运动。

拓展至灵动之魂的结构。愿意去体验它，表达它，为它欢笑、舞动、歌唱。不要只是坐着等待一些事情发生。你可以通过你的意图和意图创造的能量流动来炼金转化。相信这是可能的，而且知道你可以做到。扔掉任何认为这是愚蠢或不可能的旧思维，潜入这活力四溢的体验中。

如果你观察年幼的孩子，他们已经在那种状态中。这种存在和成为的状态实际上是我们生来就有的。融入当下的有趣互动，舞动吧！如果你发现自己脱离了当下，请让自己回到当下，由此进入不断进化、最崭新的当下。

愿意成为持续进化的生命本身。试一试，看看感觉如何。如果这不是你通常认识的你，就把它当成一套衣服试穿一下，看看什么最适合你。不断地尝试，直到你觉得完美合身！

练习

● **作为灵动之魂生活**——假装你是一个小孩已经作为灵动之魂在生活、行走和玩耍。不是选择某个特定的孩子，只是一个笼统的意愿，允许能量指引你到适当的体验。问你自己是否已经作为灵动之魂在生活，以及/或者进化有没有已经给你的生活带来了一些新鲜的体验。信任你的进化感知去行动，在当下去做适合你做的事情。如果你是刚刚开始作为灵动之魂在生活，感觉如何？这种生活体验和你平日的生活体验有什么不同？你可以按自己的意愿进入或走出作为灵动之魂的生活体验，如果你觉得适合你的话，你也可以百分之百成为灵动之魂在生活。

灵动之魂的真正力量

灵动之魂的力量在于它是无限的。一切皆有可能。没有任何框架。抛开你所有的老旧观念和把事情局限在应该是什么样子的思维盒子，你更多是与魔法般点石成金的那一刻共舞。它始终是一股宏大壮丽的能量流。灵魂真正的力量是完整，灵动之魂的真正力量是创造。这是极大的创作乐趣。

在灵动之魂的真实力量中，你有一种真正的内在联结的感受。一切都在那里等待为你所用。你和一切互相联结，你意识到你是现实的创造者。一旦你接受这份真正的力量，你就成为一名令人惊叹的生命超级创造者！随之而来的是责任——你有能力回应，并且自然而有趣地把事情变成现实。

灵动之魂的真实力量是全新的力量，是创造之力，是炼金之力，它与生命共舞，推动全新的进化，爱的进化，恩宠和在灵动之魂中生命的进化。

爱与恩宠在旧范式中有一种特定的能量感受。它们很美好，但通常没有附加的行动。在旧范式中，人们寻求爱是为了填补他们的心理空洞。

在进化范式中，作为灵动之魂的一种表达，爱与恩宠是持续进化的、越来越强大的创造力。它们变得更有活力、更为活跃、更神奇。进化的爱与恩宠主动浸润万事万物。它们是灵动之魂的一部分——它们是将纯粹潜能转化为现实的活性要素和催化转化器。爱和恩宠具有远超我们传统认知的炼金之力。

你必须重新定义你对爱的认知。它超越了任何我们所知道的爱，它绝对不是无条件的爱，无条件的爱本质上是允许和滋养，但不是炼金术。炼金术的爱与恩宠是如此活跃，以至你几乎想祈请有个新的词语来形容它。在进化范式中，炼金之爱启蒙了合一的、极乐的、超级联结的生命体验！你爱上了在生命自身的核心本质，在爱里，生命进化了。这是一种火花四射、星光闪耀的灵动，没有执着、匮乏或苛求。

迈入炼金之爱的活力运动中，允许它精力充沛，有目的地承载你。在此刻体验圆满。当你迈入全新的炼金之爱时，你会发现恩宠随之自然流淌。这是一种新的爱、新的优雅，它有自由流动的能力，能自我进化，变得比以往任何时候都要强大。在进化范式中，当你移动和舞蹈时，你会进化出爱和优雅！

练习

● **在灵动之魂中超级创造**——你作为全体进化全体，通过呼吸唤起下一个纯粹潜能，无论它是什么。那是全部的身体和生命存在的呼吸，而不是通过胸腔、喉咙、嘴巴的一呼一吸。你作为一个完整的**存在**在呼吸，召唤想要经由你创造的一切。在炼金之力中行走、生活、玩耍。去做一些你从未想象你会去做的事情。你是灵动之魂的力量，你从一个受到制约的渺小生物成为一个全能、全知的存在。你是生命的全新动力之源。你是在行走的生命，你疯狂地爱上了环绕在你周围的生命。

体验式实践：去应用

● 在一整天的时间里，作为灵动之魂四处行走，有觉知地生活。留意这份体验有什么不同。这是你愿意一直选择的生活状态吗？如果是的话，那就去吧。你知道要做些什么！如果不是的话，和形成这个选择的思绪互动一下。它们是真的吗？

● 开始作为灵动之魂和你的至少一位客户开展工作，看看从灵动之魂的层级的互联和炼金之力出发，你们能获得什么教练成果。愿意通过呼吸将他们的纯粹潜能带入舞动中，带入你们彼此的空间。以任何你觉得适合的方式在舞动中积极地向他们展现纯粹潜能。

突破

保持好奇心。乐于接受惊喜。准备好为之惊叹！人类正在成为我们前所未有的样子。由此，我们的进化是无限的。本章的突破是发现作为灵动之魂生活的无限力量。这里的突破是推动进化的进化，挖掘潜能中的无限潜能，你在其中成为催化的要素，成为炼金运动的发起者。

第三章　深刻潜能——教练与生俱来的卓越和力量

本章意图

● 探索发现这三者之间的进化差异：灵魂的本质、灵动之魂的精髓以及灵动之魂本源

● 学习如何教练进化中的固有本性，赋能他人联结到自身独特的卓越才华并且使其在生命中全然展现出来

● 能够唤起每一个人的卓越智慧

深刻潜能

● 将与生俱来的卓越融入人类的进化

核心要点

● **探索发现本质的独特性（灵魂层面）**——尊重你所有的一切

● **探索发现全体的本质的独特性（灵动之魂的层面）**——让存在性进化的深刻超级联结

● **从个体本质到全体本质**——联结我们集体与生俱来的卓越

●**从灵动之魂到灵动本源之魂**——成为本体以及生机勃勃的现实的有觉知的进化者

🔘 探究性讨论

1. 我们是一成不变的生命，还是不断进化的存在？

2. 你是如何尊重自己本质的独特性的？

3. 你从何处发现你自己和他人与生俱来的卓越和本质的独特性？

4. 你是否愿意成为完整的自己，从而超越自己并融入生命和万物？

5. 你的本质的生动表达是什么？

核心内容

探索发现本质的独特（灵魂层面）

每个人都有非凡的独特性。这是人类之所以作为一个种族如此珍贵的原因，然而我们的文化却还没有找到适当的途径完全尊重这一点。想想西方的教育体系是如何建立在一个遵守规范制度的系统之上的，这与忠于我们不可思议的独特性背道而驰。

生活中，关于不达标或者不适应某个标准，我们有如此之多的焦虑。但是假如你可以从一个完全不同的角度教练会怎样？假如你不是让客户与他们所认同的目标保持一致，而是支持他们成为所能真正成为的一切，呈现非同凡响的辉煌，会怎样？

假如我们对于存在和成为的追求不是基于常规的标准，而是基于对我们自身独特本质的完全且彻底的追求、尊重和表达，这不是一个概念，这是在进化范式中以全新的方式感知和活出生命。

你是如何发现自己和他人身上伟大的独特性的？答案就在灵动之魂中。

每个灵魂都包含一个独特的源头模型。这就是你的蓝图。但是在过去，我们认为这份特质是固定不变的。换句话说，这些是你的灵魂，这些是你的特性，这就是你，并且这就是你所能成为的一切。在灵动之魂中，我们的生命蓝图不再局限于一种模式，而是成为可以创造和进化的本质。

你的本质是你灵魂的独特表达。在灵魂层面，你只需深入内心去感受你核心深处的本质。它始终都在那里，随着时间推移它始终统合如一。在灵动之魂中，你的本质崭新地从你的每一个细胞中迸发出来，你的生命每时每刻都在进化呈现新的本质。你每时每刻都在创造发现你的新的本质。之前，你是谁就只能是谁。现在，在灵动心智中，你每时每刻利用一切资源重塑自我，每一次创造，你都在以独特的方式进化着更大的本质。这根本性地释放了万物的创造和进化，由此每一个人在本质上都被重新设计了。此时的生命能量如此美妙。这不是强迫或要求我们成为不是我们的样子，而是让我们浸润在生命能量之中，浸润在万物的浩瀚海洋之中，然后选出任何一种你想成为的存在状态。

但是在深入探讨不断进化的本质之前，让我们首先联结你一直都在的本质。

练习

● **活出你的本质**——你的本质一直以来就是你的本来面目，你的生命蓝图更多的是一份计划，关于如何表达和活出这种本质的最完全的可能性。无论周遭发生什么，你都可以与众不同并能够全然活出你的生命蓝图。

感受你的核心，允许你的本质跃然而出。沉浸在探索发现你本质的独特性的蓝图中。关于自己你发现了些什么？从这层本质，祈愿召唤出全部的你。愿意迈入并呈现当下你纯粹的本质。这种感觉怎么样？

有意识地选择活出你本质的独特性。当你进入一个你未被看见、听到或未被认出的环境，你的能量很容易溜走或者消失。记住，打开，拓展，延伸，把自己更多地带入当下。

挺直脊柱，做一个深呼吸，延展你的核心，有更多的空间让你的本质展现出来。

愿意放下世界对你的看法，学习忠于你自己，活出真实的你。不要认同别人对你的看法。相反，去发现和学习全然地活出你自己。欣赏你自己，与你的本质共舞。你越多地活出本质，你的本质就会越强壮有力，你的本质就越能被世界看到、了解和听到，因为这就是真正的你。

● **教练他人发现他们的独特本质**——问问他们在哪里能感受到他们的本质。允许他们探索它在身体的什么位置，推动他们把这种能量更多地带到当下。

一旦他们本质的能量出现，让他们与之进行有意识的沟通，去发现它的特性和质地。一种方式是让他们将他们的本质的能量放在面前，直面地与其对话，去感受它。

是什么让他们与众不同？是什么让他们如此独特？围绕他们的独特性和他们进行对话，在这个过程中，他们的本质会显现出来，并呈现在他们面前。

另一种方式是假想你就是那个人，你仿佛就是他们一样呼吸着他们的本质。探索他们真正的品质和感受，并且反馈给他们。这将帮助他们更有意识地接触到他们本质的能量。

发现灵动之魂本质的独特性

在过去，你可以充分发挥独特性是一件了不起的成就。今天，我们有可能进入更多领域。在灵动之魂和全体的层次中，你的本质不再是永恒不变的状态。我们是不断流动的存在，有进入不断变化的生成的可能性。

你本质的独特性和你在全体之中的本质的独特性有什么不同？当你在灵动之魂或进化的全体之内时，你拥有无限可能性体验的钥匙。过去，我们的蓝图是个人主义、闭环式能量的设计。但是今天，我们发现作为个体和种族，我们的生命蓝图在不断进化之中。从我们全新的开放式能量系统，我们能够进入**全体**，我们能够选择每个人希望进化的下一个层级。为了集体共同创造，我们也可以召唤下一个层级的存在。全体的本质独特性在持续不断地进化和重塑自我。现在，我们终于与进化中的本质建立了联结，相应地我们正在重新设计我们自己。

发现你本质的独特性是发现你与生俱来能力的旅程。

发现你的灵动之魂本质的独特性是一个创造的过程，是不断地展开和再创的过程。

当你迈入灵动之魂——就是迈入了万物、全体、进化的生命本身所具有的广阔的、有觉知和有意识的临在中——你将充分体验全新的联结层次所带来的全部能量。在灵魂层面，我们本质是相联的，但不一定能在身体层面意识到这种联结。在灵动之魂，我们活在全新的超级联结上。

从灵魂转化到灵动之魂就好似你从一个独立的个体，孤立的，只有你自己的状态转化到你就是全体，超级联结和高能，有觉知地活在万物相联的状态之中。我们在这个更为饱满、全体的丰富临在中茁壮成长，全体不仅环绕着我们，也与我们融为一体。可能最简单的说法就是我们深刻地联结生命本身。这是全体的力量与生命汇合的地方！这种深刻联结的行动就是通过炼金术创造了全新的转化。在灵动之魂中，你是源头在探索源头，你是创造在创造，你是进化在进化。你担当起设计你的生命和存在状态的责任。

从此处再往前一步就是拥有进化的存在状态。与其进进出出这种存在（being）和成为（becoming）的状态，你可以选择永远成为生命和一切的流动、动态、生动的表达。

练习

●**进入灵动之魂**——呼吸、放松、延展。现在准备好开始这个活动，允许自己进入灵动之魂全然、鲜活、丰盛的体验之中。睁开眼睛，站直，作为灵动之魂行走。这是什么样的感觉？

从个体本质到全体本质

个体本质是从你的个人角度出发，与"你是谁"和"什么是你"有关。全体本质是从进化的全体的角度出发，去看"你是谁"以及"你是什么"。这是一种生命状态的完全提升。这不仅仅是你的视角转变，以及你如何看待自己和世界。那是你的缘起之地。

个体本质和全体本质是你内在不同的能量源头。如果你是在个体本质中，你的能量来自你个人或者说来自初始的灵魂和源头。如果你是在全体本质中，你的能量源自全新的充满能量的生命本源，我们称之为灵动之魂。当你成为灵动之魂的能量行走，你是将全新的生命活出来。个体本质与全体本质在能量层面也是不同的。在个体本质中，能量经由你，你是能量的管道。而在全体本质中，你就是能量本身，你成为能量源源不断的存在。一旦你从个体本质转变为全体本质，下一步就是拥有它，成为它，活出它。创造和灵动的觉知成了你的一部分，不再与你分离。

当你从个体灵魂转化到灵动之魂，从个体本质转化到全体本质，从旧范式转化到新范式，一切都变得更为鲜活，更加迷人。你以全然不同的方式对待生命，你对每天的日常生活和你自己都有不同的体验。你开始变得不同。你成为一个有意识地创造和进化的存在。

与生俱来的大智慧是一种闪光的能力，可以充分地表达**你的一切**。与生俱来的大智慧始终都存在吗？也许，通过才华横溢的艺术家和我们在地球上看到的相对较少的创造性天才才得以体现。当我们进入灵动之魂中，先天的大智慧对任何人和所有人都是触手可及的。它也可能以新的方式进化并融入人类和生命的重新设计与进化中。当你允许自己成为独特的具有全体本质的你时，你就可以全然地表达你与生俱来的大智慧。

　　当你表达你独特的全体本质，你联结自己独特的和集体与生俱来的大智慧时，此时你会散发如天赐般的临在魅力。这是真正魅力的来源，也是全新的领导力生成之处。真正的魅力是成为生命和自我的全然表达，以及与他人的超级联结，人们被召唤与你共舞。魅力型领导者是作为个体超越他们自身，联结大智慧，真正地活在全部本质之中。在灵动之魂中，每一个人都可以轻松获得这种临在的魅力。当我们以这样的状态存在，全部的生命将与你共舞。它是多么有趣、愉悦和亲切，它可以很古灵精怪，可以很有创意，也可以很鼓舞人心，激发灵感。

　　步入全体本质，就是步入充满魅力的生命和领导力，这是一种新的能量运动。从头脑、思维、旧的灵魂角度，我们通常是由内而外联结，让我们觉得与他人和生命明显有一种分离感。当我们最初步入灵动心智的时候，能量的运行还是由内而外。我们从心智进入围绕着我们的灵动心智。当我们转向灵动之魂以及它和灵动心智的整合时，我们开始整合并且成为生命本身以及全体，与周遭一切融为一体。每一个细胞都被激活成为有知觉的意识，完全有能力溯源的源头，创造的创造，进化的进化。就仿佛活力的意识和创造进入了每一个细胞的体验。我们正在成为崭新的生命。

　　当我们步入灵动之魂，我们每一个细胞的天线与万物紧密联结。每一个细胞开始感觉更为机敏和活跃，在每一个层次上与一切事物相连。

从灵动之魂到灵动本源之魂

　　最近生命的力量发生了根本性的变化，从传统的能源来源如太阳、营养等等，到生命之源，一股全新、高频能量之源在空气中脉动，从内部与我们全新的细胞结构协作。实际上，正在发生的是从灵动之魂迈入灵动本源之魂。灵动之魂允许我们活力地联结生命和全体。灵动本源之魂让我们有可能成为全体的同时活出独特性，作为源头本身，作为一种难以置信、鼓舞人心赋能的存在。换一种角度说，经由灵动本源之魂，你成为正在神奇地进行自我进化的生命。

你的全体本质是你对这份全新的、不断进化的源头独特的表达。此处的你，充满活力地临在，因为你是活力的源头，显化万物全新的本质。你的能量会拓展延伸更多，但是你不会压力过大、用力过猛，或者运作过度。这种临在不同于以往我们经验过的，因为它与本源联结。它是可持续的、稳固的、活力充沛的，同时也为他人的临在提供了显化的空间。

这种临在不会占据所有的空间，也不会强加于人。恰好相反，它为当下创造了空间，邀约他人加入一起共舞，充分发挥他们自身的全体本质和能量场，全然地表达他们的独特性。每个人越多地表达这种临在，就会有越多的人能成为这种临在。这股能量为他人实现转变提供支持并创造空间。

在过去，魅力型领导者通常会占据整个空间。换句话说，他们是活动的焦点。有了全体本质和全新的富有能量的生命源头，你充满魅力，有着本初的大智慧，与此同时为每一个人创造了空间，让他们也自然而独特地成为魅力型领导者。这是从个人魅力型领袖转化成协作共舞型的领导。

这个动态是从个体本质到全体本质，从灵魂到灵动之魂，再到灵动本源之魂，将超越自我的步骤与全体进行整合，并且以全新的超链接的方式将它融入你的临在中。以灵动本源之魂进入全体本质的动态过程，伴随着整合所有曾经所是的你以及现在所是的你。你在全部层面整合了你自己，你是完整的你。这是包容、接纳和丰盈，而不是放弃或者退让。你是全然的成为。这是将自我的所有层次融合在一起的神奇时刻。你迈入一个全新的整体的存在，一个有能力持续进化一切的生命。正是这神奇的一步，我们人类种族才真正开启了重塑。

我们成为本源在行走，在创造，在自我进化。换句话说，我们依赖碳基为生命能量的生存情况在减少，现在生命本源能量将以透明形式的存在作为生命源泉。尽管目前还无法拿出科学的证据，但是我们已经累积了很多人的经历，它们在共创、感知和活出这种状态。成为新的源头而生活，就像迈入了全新的能量源头，一切自由流动，无处不在。然后你就成为这股源头的能量，星光四射、注入到生命之中。这是一种体验，所以不需要用头脑思考太多。只需要迈入灵动心智和灵动之魂，然后允许它发生就可以了。

为什么有人想要联结并成为新的源头？它使我们充满活力，并且获得活力充沛的能量，为我们提供了源源不断的、创造性的、协作性的和联结性的力量，未来的新世界正是在此基础上建立起来的。从此，我们发现了创造性天才和显化创造的全新层次。我们成为存在的有意识的进化者，从而进化我们的现实。

当我们成为这全新的本源，并且经由我们独特的全体本质进行表达时，我们自然开始活在并共创一个充满活力的全新现实。当我们在进化范式中教练他人时，推动客户进入高频活力的现实是至关重要的。任何人一旦打开进入这活力充沛的实相中，他们自然就可以触及这全新的活力能量之源。正是这种能量的转化将会轻松优雅地在他们之内并经由他们产生根本性的巨大的创造和进化。

要获取内在大智慧和存在的全部力量，你必须全然地表达你正在进化中的全体本质。愿意做完整的自己，这样才能超越自己，发现你和我们现在都能做到更多。切记这是有关再创造和进化。

我们能否完整、全然成为现在的自己？这有可能吗？当然！

你不需要去寻找答案。取而代之的是迈入灵动心智的已然了知之中。

你不需要与之建立所谓正确的联系。取而代之的是迈入灵动之魂的超级联结。

你不需要学习如何运用力量。取而代之的是成为灵动本源之魂，成为全体，并且去发现与那一瞬间的生机勃发共舞，去发现全体炼金的力量。这是我们真正的意识进化之旅的开始。

这是远远超越自我的完整性。你正在完整个体的本质，这包括了个体自我、高我或者说大我，以及灵魂本体。你正在完整如你所是的自己。这不是什么死亡或者重生。这就是一个简单的选择。然后，你就选择跨出一步，超越你的个体本质，优雅而轻松地迈入不断进化的全体本质之中。

当你进入全体本质，你可以选择成为任何你想成为的。它是全然的创造。假设你还想保留部分或者所有你个体的本质，是可以的。同样，你完全可以进入在不断进化中的、全体本质的自己，并完全放下你原有的个体本质。无论你想创造什么，都是卓越和美好的。

你能够彻底改变你的本质，或者你的本质始终是你根本的本质吗？你想保有那些让你觉得自己很特殊的存在方式？还是你可以成为每时每刻都在进化的存在，拥有绝对的自由和解脱？

答案在于你的选择。

也许真正的、强而有力的、与生俱来的大智慧和存在状态出现在超越自我的层次。这是关于自我的进化，是自我与超越自我的整合，你全部自我的层面跃然而出，成为你的生活体验和生命表达。你成为行走的全体和生命，当你这么做的时候你就是不断在进化的存在。

不断进化的存在是一种全新的状态。它是本源的力量全然地临在。这是我们作为人类这个种族的再造，激动人心的不断进化的生命，深刻地呈现在当下的力量中。教练他人进入全新的进化状态：

从这个全新的本源能量，先天的存在是一种不断进化，一种经验创造性的成为。我们不是一成不变的人类，我们是超级生命体，是不断进化的存在。每时每刻我们都可以创造一切。过去的你是谁和现在的你没有任何关系。这不是放下很多，而是轻松地成为。在旧的实相中，人们总是很难放手过去或者总是想着他们认为自己是谁。但是在活力高能的实相中，已经不需要再去放下什么，因为你每时每刻都在进化，你在创造。愿意不断去创造，让我们有意识地进化发挥作用。

要教练和唤起他人进入与生俱来的大智慧和力量，你需要先成为它。当你活出它、成为它，通过活出你的全体本质、你的临在，召唤他人一起进入它。它来自你声音引起的共振，你眼睛愿意看见的炼金术般的奇迹，以及你的感官愿意创造的美妙。你成为现实的召唤者和创造者，包括从他人身上唤起它。一切都是自然而然发生的，不存在强迫任何人违背意愿或自由选择。你就是很简单地成为活力高能的全新源头，并邀请他们加入一起共舞。实际上，它已经为每个人而存在，也许这就是人类一直以来就应该有的生命状态：与生命联结，与本源联结，与全体联结，活在共同创造的乐园中。

练习

●**教练全新的不断进化的存在状态**——让他们联结和感知他们灵魂的临在。只需要让他们这么做就可以了，然后看会发生什么。在这里重要的不是去做什么，而是获得灵魂和个体本质的能量品质。一旦他们的灵魂来到了当下，让他们联结他们的个体本质并且描绘出能量的品质，以及这如何让他们变得独特。鼓励他们全然地迈入他们本质的能量之中，并且成为它。在你邀请他们完成这个步骤并进入下一个层次之前，他们可能需要一些时间（几分钟到数个月不等）进行整合。你不想放慢速度或者限制他们的体验，但是与此同时你明了对每个人来说当下最适合的是什么。你和他们会知道什么时候是超越个体本质进入全体本质的正确时机。

时机成熟时将会有一种自我的完整感。你可以和他们一起完成这份工作，但是通常只要时间对了，似乎会自然而然地完成。要和他们一同完成只需要问："你现在完整了吗？"这并不是说他们将要离开这个星球或者任何类似的意思。你真正想问的是："现在你是否准备好了，愿意超越任何你以前所了解的自己？"在对话中，你可以把他们带到对这些问题说"是"的空间，并且准备好进化。一旦他们准备好了，他们就处在他们和我们意识进化的风口浪尖。

下一步是从灵魂到灵动之魂。让他们拓展延伸他们的能量，现在去联结围绕在我们左右的鲜活的源头能量，全体和创造。由此，让他们想象身体每一个细胞的天线都联结到这个临在，以便他们是全然打开的，超级联结的，并且开始能够获得成为全体的感知。

让他们在灵动之魂的临在状态中联结他们的全体本质，以及他们的超级宏大的独特性（mega uniqueness）。触及本质更倾向于聚焦在一种特定的能量之源。触及全体本质则是更宏大的扩展，让他们能够浸润在不断进化的本源之中，从全新的源头能量中去发现和创造他们不断进化的全体本质。每一个人可能会以不一样的方式做这件事，因此邀请他们设定意图，去行动，然后看看对他们来说会发生什么。如果我们把这段旅程描述得太过简明扼要，我们实际上有可能阻碍当下的创造。

关键在于探索和展开全新的源头。它始于我们内在的某一处重建灵魂到灵动之魂的联结。这种联结对于每一个人来说可能是不一样的体验，但就总体而言，我们是通过这个转化在共同创造全新的源头。我们可以这样想：在过去的几年中，假如我们的生活和赖以生存的空间和能量有了进化会怎样？空气、空间、我们的肉体已经发生了根本性的变化，可为我们所用的全新能量，纯粹的创造和灵动的意识现在无处不在。在这全新的源头，我们找到了与万事万物的超级联结，与此同时鲜活的生命力存在于万事万物之中，包括我们自身。这就是我们有意识的进化。

●**教练灵动本源之魂的觉知**——作为灵动本源之魂，你唱着生命之歌。这如炼金术般神奇。它就在你和我们不断进化的与生俱来的存在之中。我们成为灵动本源之魂，然后自动地以点石成金的振动或者哼唱一首歌，来唤醒他人内在的灵动本源之魂。不是你去帮助他们转化。只有他们自己才能做到。这是一种炼金术式的唤醒。他们是否需要知道这一切正在发生？不一定，但是在某种程度上他们需要知道，不然就什么都不会发生。他们必须在某些层面允许那个发生，也许我们只是此刻在这里，就已经完全地允许了这个发生。有可能这就是我们来到这里的原因。它超越了我们想要发生什么，进入到什么渴望通过我们发生。

一旦这样的转化发生在你教练的人身上，让他们有意识地觉知到他们刚刚所作出的选择，这一切有什么意义，以及他们如何活出它，并且成为它。换句话说，为他们提供一个活在充满活力的现实中的可持续的解释。有很多人早已经在那里了，只是他们自己不知道发生了什么或者他们怎么就到了那里。如果感觉合适，就借助这个框架来帮助他们理解，让他们能够获得高频的能量。否则他们可能依旧以为自己在旧的实相中，被困在旧的思维陷阱里。与他人探讨它的方式是通过探索对它的感受，而不是对它进行理性的分析，尽管两者可能都需要用到。

体验式实践：去应用

●拓展，延伸，进入灵动心智并成为灵动之魂。如果你暂时感觉还不能成为它的话，那就走进它。从这里，想象你正站在通向永恒的内在自我的门口，聆听灵动本源之魂的歌声。感受它。不要用你的耳朵或者头脑去听。现在允许突破发生，成为灵动本源之魂。感觉如何？

●和你认识的人进行练习，客户、课上的同学、朋友或者亲戚，任何现在愿意在这个领域与你一起探索的人。推动他们从灵魂到灵动之魂，从个体本质到全体本质，探索你独特的方式去实现这种转变。我们每一个人都会有神奇的方式来实现这种突破。

● 一旦你对灵动本源之魂的存在状态有了感觉，尝试将这种状态传播给他人。事实上，每个人可能都早已经到达了这种状态，因为我们在突破阶段一起做了这件事。因此，投入这种状态，看看它想带着你和我们去向哪里。我们正在邀请你走入这种状态的进化，而不仅仅是练习。

突破

本章巨大的突破是发现我们与整体的全新的本源能量联结，它是我们正在显露的新世界的源泉。这个突破是全人类可以实现一种突破，让这个全新的本源成为鲜活的现实。就在写下本章文字的这一刻，我们正在与每一位读者彼此联结，与每一位在这场进化之舞中共舞，我们歌唱着本源之歌进入我们所有人高能、鲜活、灵动的现实。

第四章 超越突破——非凡的现实创造

◎ **本章意图**

- 真正领会我们如何创造我们的现实
- 教练他人创造现实

◎ **深刻潜能**

- 去发现神奇的、同步的、丰盛的、联结的寻找现实创造的舞蹈

◎ **核心要点**

- **显化和现实创造之间有什么区别？**——从"我"到"我们"然后成为独一无二的"全体"的动态发展
- **当你创造现实的时候，你的能量会发生什么变化**——超越思维和意图去创造现实
- **目光远大**——让超级创造成为鲜活的现实

探究性讨论

1. 目前你是如何显化或创造现实的？

2. 你有过从个体现实创造到集体创造现实的体验吗？如果有的话，产生了什么影响？

3. 你有没有注意到：作为教练，你所拥有的信念，不管它是什么，都能影响或者创造你的客户的体验？

4. 你是否是一名有觉知的创造世界实相的创造者？如果是的话，你是怎样做到的？

核心内容

在上一章我们谈到了从灵魂到灵动本源之魂，从个体本质到全体本质的转变。在本章，我们将带领大家进入创造现实的层次——从显化的旧技巧到全新的不断进化的现实创造。这是有关运用灵动本源之魂的力量活出并进化生命的现实。

显化和现实创造之间有什么区别?

显化往往是与"我"想要什么有关。它与欲望有关。显化感觉上就像利用个人的能量、个人的力量、个人的意愿让某些本来不会自行发生的事情发生。它的基础是"不是什么"。自我肯定、积极思考、视觉想象等是一些用来显化的技巧，但是你可以看到，这些的基础都是那些现在不起作用的东西，以及你想用什么来取而代之。

现实创造是关于什么想要在更宏大的范围内发生。传统的现实创造是成为一名自行负责的创造者：我是我自己的创造者并且创造了我的现实。这个基础在于你对你的想法和信念负起全部的责任，对你有意识和无意识在你的能量创造中投入了什么承担起责任。在现实创造中，你正在以更优雅且富有能量的方式，在流动中工作。你开始超越"我想要什么"，进入"我们集体想要什么"。你正在服务于一个更大的目的，更有觉知地主动承担起责任。

从一个完全崭新的地方探寻现实创造的方向。这是有关成为本源探索本源，成为创造在创造，成为进化在进化。你所做的是从全体出发并且为了全体，从生命出发并且为了生命。它的核心本质是生命，在探寻创造中，你成为鲜活的生命本身。这里的导向是完全不同的。它甚至不仅仅和我们的世界有关；它远远超越于此。它关乎全体和超越全体。但是它的范围和能量并不是压迫性的。事实上现实创造是非常自然和轻松的，因为本质上这就是你正在做的事情：你正在作为全体为全体创造现实。这是超级创造！

你可以看到三个层次，与自我、大我和进化的自我关联，以及与潜能、更大的潜能、纯粹潜能关联。你正在从**"我"**经由**"我们"**，成为具有独特性的**"全体"**。

当你创造现实的时候，你的能量会发生什么变化？

当你以显化的方式工作的时候，你的能量锚定在什么是你不想要的，同时为你想要的事物而奋斗。虽然你试着聚焦在你想要的人、事、物上，但你经常会被拉回到你不想要的人、事、物上。鉴于你潜在的想法和信念塑造了你现实的成果，所以显化的能量实际上会创造出与你想要的东西相反的结果。

当你转向有意识的现实创造时，你开始探索那些潜藏的想法和信念，然后通过修正和转化的方式，为当下什么想要经由你发生来创造更强有力的现实成果。这为你创造了一个机会，可以轻松地将你想要的东西放下，并与当下什么想经由你发生建立一种完整、强而有力的联结。在此，你放弃了用你的信念和欲望管理创造和潜能的强大能量，允许现实创造以更为轻松和优雅的方式发生。

意图为潜能的能量创造了发挥空间。它打开了各种可能性，召唤开启这场运动。但意图本身是否足以启动现实创造？有些人会说"是的"，但是我们不能确定是否在每一种情况下都会管用。假如你设定意图，你能够完全地、彻底地相信你现在设定的意图是你纯粹的实相，它将会成真，它会成为你的现实。但这不只是因为你设定了意图，而是因为你知道它已经是一个被完全实现的现实。如果你设定意图是希望它有别于其本来所是的样子，那你所创造的现实就是你真正相信它是什么样的。

　　我们谈论的是超越静态思维和信念，超越建立在你知道是什么以及你希望它是什么的基于现实基础之上的意图设定。我们谈论的是去到一个空间，那里由你创造潜能的全部能量，已然成为你我的一个灵动鲜活的现实。它几乎就像你必须愿意成为实相的炼金之眼，当你看到了，它就已然在了。它是流动的、动态的炼金之舞，轻盈地创造着全新的现实。我们邀请你理解："当你看见，它就已然存在。"观察者就是创造者，现在是时候让我们对此肩负起责任了。但更重要的是，现在是时候让我们将这种能力进化到现实创造的下一个层次了。

　　现实创造的进化是你从个人现实创造进入本源的现实创造。个人的现实创造是你说你想要发生什么，然后你用自己的能量去实现它，就只是为了你和你周围的现实。个人现实创造是美妙而令人满足的，但它不一定会让生命和全体进化。

　　在本源的现实创造中，你的现实创造是在**全体**的能量之中。你不仅仅是观察者/创造者，你成为溯源的本源。能量聚焦在**全体**和什么是当下想要的，不同于你个体的能量场域和你现在想创造什么现实。

　　当你进入成为全体的独特体验时，你超越了思维、信念和意图。它们就好像不存在了一样。从这个角度看，你可以在任何时候相信任何你想要的发生，而这个变化和你的思维、信念和意图实际上没有任何关联。事实上，思维、信念和意图会减速甚至限制你前行。

　　当你在一个清明的、炼金的状态中纯粹地与能量一起工作时，你是在创造之舞中自由流动。你臣服于创造之舞，你和它没有分别。能量经由你生命的体验和表达将潜能转化成为现实，你成为它的全部，你成为运动、舞蹈和潜能实现的源头。

　　这就好比电影《黑客帝国》中的尼欧（Neo）。一旦你意识到人们所以为的现实是由思想、信念和意图构建出来的，那么你就可以每一刻自由地创造和进化现实。这远远超越你对你的思想、信念和意图负责。在这个空间仿佛没有所谓的思想、信念、结构或框架。你就好像是一位程序设计大师，点石成金，其他已经在这个空间的程序设计大师正在与你一起共舞，你们一起与舞动的创造力共创。当你处于创作的阵痛中时，你可能不知道你正在进行寻找和创作的现实。某些层面的你是知道的，而在另一个层面的你就只是简单地融入炼金之舞中，随着你的流动，发现它令人惊艳的呈现。与此同时，你就是让一切成真的炼金要素。没有你，一切都不会发生。

如果你在你的头脑、思维、信念或意图之中，你是在现实创造，但不是用炼金的方式。那是你把所思所想所念的能量注入现实中……就是如此。当你是源自本源的现实创造，你是在跳炼金之舞，在这个空间你的运作是超越思维、信念和意图的。你的思想没有参与在内。那么谁参与其中呢？灵动心智和灵动之魂是你的伙伴，灵动的觉知、创造，还有更多，所有这些融合在一起形成一个动态的进程。你从运用思维、信念和意图的个人能量，力图负责任地有觉知地为你创造现实，转变到作为一个运用**全体**能量运转的存在，有意识地推动现实之舞。

作为**全体**去工作，与生命和全体想要的发生一起工作，你有可能瞬间再创整体的实相。从"我"的角度可能会提出一大堆问题，但是从**全体**的视角却未必。为什么会这样？因为你是作为本源在探索本源，你的感知、感受和了知正与生命想要发生的一起运作。如果你试图做任何违背生命和**全体**意愿的事情，那会行不通。在这个空间，实际上你会发现，除了生命和全体想要的之外没有什么让你还想要去做的，因为你和流动与进化中的宇宙是如此同步。即使你想要做一些事情，但是如果不是生命和全体想要的，那就不会发生。

你体验并且成为卓越的、有创造力的流动。

在这个空间，个人的欲望会怎样呢？个人欲望会被对生命的热切期待所取代，因为它让一切都充满活力。在这个空间，你能得到的超过你在自我层面的个人欲望。生命对于你、他人，乃至世界变得更加美好，远超于你的想象。实际上你最终会得到你想要的东西，虽然是以你无法想象的更为拓展、更为创意的方式。

在过去，通常是通过拓展到**全体**意识来探索现实创造（今天你依然可以选择这样做）。走出你的心智进入纯粹觉知，并且唤醒潜能/创造力，然后设定意图，推动它成为鲜活的现实。然而，最近几个月，一种新的选择或者说一股新的变化已经开始发挥作用。自从灵动心智和灵动之魂融合，纯粹的意识和创造融合，这场变化正发生在你的面前，也发生在你的内在。这是更为当下的。它的发生就在一个简单的呼吸之间。事实上，它常常发生在当下的一瞬间。

以前的经验，按照现实创造的源头是把潜能从创造力之库中提取出来，播种到我们的意识之中，然后画龙点睛带入现实中。但是现在，全新的本源与我们现在的关系是它就在我们周围，成为我们。我们只需简单地感觉什么是当下想要创造的，让超级充能的氛围环绕着我们，了知它已经完成，已然如此。仿佛在那一刻之前的实相已经不复存在。它从你的能量场、你的思想、你的信念和你的现实中消失了。它即刻如其所是，因为你正在全然经验它作为你真正的实相。更重要的是，你以此为全部现实增添了能量，以至人们很快会将这一转变反馈给你，而他们却不太清楚这是怎么发生的。你没有做什么、你只是发动和唤起想要实现的潜能，使它神奇地变成现实。当作为源头去创造现实时，是生命完全活出自身的无所不包的全息体验。当你这么做的时候，它无所不能、无处不在。你所创造的就是它自身的进化。这是因为你正在炼金的潜能是注入了来自它本源的能量。潜能如你一般充满活力和觉知。这不是你个人的创造，这是本源创造。你的确有责任催生这股运动，但是你并不实际拥有实际的创造。它有自己的生命，当你赋予它能量时，它就已经焕发了生机。你远远不止是催化剂的作用，因为你在探寻它。没有你，有可能一切不会成真。伴随着你独特的全体本质加入到这场运动，让它变得无人能及。

一旦你把某物转化为现实，你不需要管理它，也不需要对它负责。而且你不能执着于它，因为那会限制它的舞动。当探寻现实创造时，它就有了生命，有了它自己的生命能量，然后与其他所有有意识的创造者一起共舞，运用他们独特的全体本质继续探寻它的进化。你将能够感知、感受和知道何时放手允许他人去做他们的那一部分，你也会知道什么时候继续推动它前进。这对你来说是再自然不过的事情。它就恰似一段不断进化的创造之舞——你舞动然后前行，你舞动然后前行，你舞动然后前行。

目光远大

当你在灵动之魂中，整合了灵动心智，并联结到源自你周围和内在的无限可能性时，每一点的可能性围绕在你之外又在你之内，你会获得一个不同的视角。你现在目光"**远大**"，你可以将现实创造的源头推至超越任何你的眼睛所见或者你的头脑所能想象的境界。

假如你将你的有意识的觉知扩展到全宇宙一样大，并且观看遍布各地所有层次的所有意识活动，那会怎样？你看见了什么？你的眼界有多大？

这个练习可以让你接触到更大的游戏。它是超级觉知进行的超级创造。我们可以睁大眼睛四处走走，与我们选择看见的最大的、最浩瀚的、最深邃的一切联结在一起。

为什么只是停留在个人或者地球视角？为什么不从更大的视角去看到一切如何融入层次万千的宏伟神奇的进化运动？当你从这个优势视角来看，你就进入了炼金的状态，你的眼睛、你的呼吸、你的能量都会成为瞬间改变现实的源头发起者。

假如你是万物和全体的眼睛，目光极其远大，超越地球及这个繁荣的宇宙，并且如果你知道"你怎么看它，它就是什么样子"，你将如何运用这样一双创生全体的眼睛？换句话说，你怎么去看，你就会创造怎样的现实。

或许现实创造不再是一个繁复的过程。或许它是一个简单而愉悦的过程，因为力量就在你眼见之中。这不仅仅是关于感知。这是关于当你观察它并催化它时，将现状转变为可能达成的状态。你是发起者和唤醒者。你愿意视它为现实，以此使它真正成为现实。这一切都发生在一个非常轻盈的空间。

有一种关系，或者更准确的说法是，与在此时此地想要被现实创造的恰当性建立一种伙伴关系。无论什么经由你而创造，自然而然地它是为了你也为了**全体**。正是因为你的激情，你的个人意愿，还有你的独特的全体本质，才将这份潜能吸引到你身上，让你为所有人而行动。因此，你成为现实创造的那个人，为你自己，为他人、为**全体**。

试试看，简单地允许想要被创造为现实的事物作为一种恰当性的感觉冒出来。如果你有一丝思虑，那就重新考虑一下。取而代之，扩展，延伸，允许你自己联结在你周围，又在你之内的全新的生命本源，简单地允许对了的实相被创造，被超级充能进入存在状态。然后直接使它变为现实。这是超级创造。就如挥舞魔法棒。

一旦你创造的新的实相真正来到当下并且可被利用，它就会自动流入我们全体人类相互联结的意识之中。假设某人认为这个世界没有什么伟大人物值得交往的信念，转化为这个世界上处处都有真实、具有强而有力洞见的超级人选等待我去认识。这是不是会影响到每一个人？是的，是这样的，这取决于这个人在多大程度上相信事实如此。如果他们相信这就是人们和人际关系的真实本质，这样的现实就会在他们周围处处显现，与此同时也会在世界其他带着觉知生活的人身上显现。对于那些已经生活在高振频能量的人来说，他们立刻会感受到这种转变，接纳其作为他们新的实相，因为他们始终与生命想要的发生保持联结，并活在其中。当我们在这个层级上进行现实创造，它实际上是发生在一个全新的集体意识中，它自然可以为全体所用。如果某人处在旧的或中间范式的现实中，有一套封闭的信念系统阻止它的发生，即使他已经身处转变的情境中，他还是会与这种转化分离，无法体验到其发生。但是即使他在封闭的系统中经历了这种转变，其周围的能量场中也会有影响的能量，召唤他进入这最新的新发生。对他们来说炼金的过程可能正在开始，以我们为例，突然之间伟大的人物们出现了。这是因为这里有更多的空间给予他们展现"伟大"，他们被召唤成为"伟大"，并进化他们的潜能。然后，现实本身就是证据。

　　本章标题所指的超越突破是怎样的？有一种从一个卡住的位置向一个新出现的位置转变的运动，这种运动是紧张而急剧的，像激光般强烈。但是我们在这里所谈的并没有一个需要摆脱的卡住的位置。你正是将已经在那里等待、想成为现实的东西催化为现实。突破需要更多能量，尽管也有活力和令人惊喜的能量，然而超级现实创造仅仅就是点石成金的"叮"一下，一切已然呈现。这是存在和成为的极乐状态。你已经体验到了这个现实，就像一个活力充沛的炼金极乐状态，或者像一个调和码非常简单又确凿，将其转化为真实而强大的存在。

　　一旦你成为本源在探寻本源，它就是灵动的现实。你开始看见它、发现它无处不在。你也会发现它没有与过去相关的老旧或负面的想法遗留下来，只有持续进化发展的全新实相，进入超级现实创造是它自身的进化。

练习

● 教练他人进入超级现实创造

1. 让他们呼吸、放松、拓展延伸他们的能量。

2. 邀请他们将注意力的焦点从头脑转向灵动心智,从灵魂转向灵动之魂。这里有一种真正的觉察的转移:从觉察自我的内在转向与你周围的一切实现超链接。假如这种表达方式不适合你的客户,你可以建议他们扩展延伸进入更宽广的、更深邃的层面,他们会知道这就在他们意识深处的某个地方。他们有可能并不能始终在这些层级,但是几乎每一个人都多多少少会触及这些层级。你也可以运用前面章节中的一些练习帮助他们来完成这一步。

3. 邀约他们感受与新的生命本源能量的联结。换句话说,让他们与那个最博大的生命建立联结,让他们允许这股能量经由他们与他们自己的本源联结。然后,让他们联结他们的本源,进入更大的存在于我们周围的源头的流动。

4. 接下来,让他们感觉什么想要经由他们此时此刻跃然而出,进行现实创造。邀请他们不要思考那可能是什么,而仅仅简单地联结全新创造的炼金之舞,进入到它的歌声和舞动之中。

5. 无论什么潜能出现,让你的客户联结到它的能量并且使这种能量通过他们扩散在空气中。这是一种发动、一种创造的气息。它有自己的动机和动力,你的客户将成为它的超级创造者。

6. 让他们全然体验感知成为一名超级创造者的感受。这真的很重要。这几乎就像在现实中加强了炼金术般的体验。让他们感受到它,让它注入每一个细胞以及周遭围绕着他们的一切。肯定它的存在。欢迎它来到灵动的现实。

7. 最后让他们再看看还有没有留存什么旧的或者负面的想法。他们将不需要去深挖或者重新产生一个旧的念想。相反,只是快速检视一下他们现在对此事的感觉和想法。他们只需要发现旧有的想法和信念已经消失了,就像魔法一样,那一刻只有新的想法存在。

● **通过存留的旧思维和信念教练**——如果通过以上练习客户依然有挥之不去的旧思维和信念怎么办?也许他们选择了现实创造的东西,但他们的选择不是来自正确的时间或者说轻盈的状态。如果是这种情况，简单地请他们返回去，这一次去找到这一刻真正适合他们的东西。你可以检验他们的行动是否来自真正联结的地方，如果不是，重新检查联结，并且找到何处需要改变以让全部的炼金术为其所用。请他们以自己觉得自然的方式再做一遍练习，可能情况会有所不同，让他们以一种更直觉的独特的方式去实现它。

可能有一个根深蒂固的信念，比如说"我做不到这个"或者"人类做不到的"，或者说"我们这么做对吗"。源自本源的现实创造对于人类来说是相当大的剧变。以前我们也在创造，但我们大多是在消极地和无意识地创造。现在我们有机会在一种完全有意识的、联结的、完整的、扩展的状态中进行超级创造。这不是关于让他们去相信什么，而更多是通过简单的询问和清晰他们所相信的东西，看看是否可以赋能和支持到他们。要轻松愉快地帮助他们摆脱信念的束缚，使他们发展到当下需要到达的位置。

假如有一个根深蒂固的信念不愿转变，这会阻碍真正想要发生的事到来，他们很有可能会回到旧有的心智和思维模式中。当你全然联结灵动心智和灵动之魂，在那里与生命有一个完整的联结，所有的发生都是那么自然，信念根本不会出现。你想超级创造的实相能量根本不会发生在一个断链的空间。所以，再一次确认他们处于超级联结的状态。

体验式实践：去应用

● 开始去实践吧，要轻松愉快。享受这种乐趣：你知道自己是超级现实的创造者，推动我们最新的新现实得以实现。尝试运用在所有层面上：丰盛、健康的生命，人际关系，新工作等。在这个新的空间，一切皆有可能，生命是喜悦，是不断持续的伟大创造。发现这股力量在你之内，也在你所有的教练客户之内，它经由你的生命之舞与你联结。

● 在你教练他人之前先自己多练习几次，确保你在他人身上施用时，你真正有了这份体验。如果你不能确信，它是不会对别人起作用的。为什么？因为你是如此强而有力的现实创造者。一旦你能自如驾驭这份创造力，并将它融入你的体验中，就可以邀请正在被你教练的客户，让他们也尝试不同层面的现实创造（显化，现实创造，由本源探寻的现实创造），在这个过程中和他们一起共舞，看看你和他们会有什么发现。

● 如果你正在做一件非常宏大的事情，甚至大到超出你成为**全体**才能够做到，那你就召唤集体的能量和你一起。谈到集体，并不意味着你要召唤世界上每一个人。它更多地是召唤此刻已经准备共享对这个特定创造有共鸣的人。如果你感觉这么做是对的，你可以召唤世界上全体人类，但是你要确定你是在召唤他们的超级/源头的层级，而不是物质层次，如果是发自我们日常生活的物理层次则很有可能会使你即将带来的能量被扰乱。当你们共同创造同一个实相时，它会使其轻盈的同时更为强而有力。它会有更多充能，提供更多资源。这部分将是第三部分的重点之一：全体炼金的力量。

突破

本章的突破是让超级实相创造成为万物存在的一种自然状态。当我们调频到这个实相时，我们和你们所有人联结，并且把它变成现实。

第五章 寻找与教练充满活力的创造力天赋

⊙ 本章意图

- 能够在前所未有的层次上教练和获得你自己与他人的天赋
- 能够教练和**获得**你自己与他人的超级创造力、原创性思维和富有远见的生命

⊙ 深刻潜能

- 探索灵动心智与灵动之魂结合的强大潜能。
- 以前所未有的方式去思考、行动和创造，以此进化创造力天赋

⊙ 核心要点

- **全新创造力天赋**——它是如何进化的，以及它将进化到何处
- **寻找充满活力的创造力天赋的进化**——你在我们集体进化中的作用

⊙ 探究性讨论

1. 你是否曾经亲身拥有过人类天赋？如果是，你是如何拥有的，当时的

感觉如何？你是否可以重新创建这种体验？

2. 你如何获得创造力？你认为创造力与天赋的关系是什么？

3. 到目前为止你对人类天赋的状态以及我们进化的可能性有什么看法？

核心内容

全新的创造力天赋

人类天赋究竟是命中注定的少数人的基因侥幸而成，还是每个人都能以不同的、独特的方式获得？

过去，人类天赋被认为是少数生来就有特殊才能之人的特权。这些天才的运作方式似乎与普通人不同。普遍的共识是，普通人无法获得天赋，无法成为一位伟大的思想家，无法获得前所未有的发明，无法洞见更伟大、更强大的超越。

我们试图通过智商（IQ）测试来衡量人类的天赋，然而天赋的真正来源并非百分百来自头脑。事实上，"天赋"一词的本意确实与一个更伟大的信息源头相连：灵动心智。也许我们的文化对天赋的解释是局限的，我们并没有去追寻、鼓励和赋予每个人与生俱来的天赋。

我们深信任何人在任何时候都可以获得原创思维、进化发明和超级创造力。每个人都拥有一些独特之处，这是他们内在的独特天赋。我们可以以不同方式来运用我们的天赋（例如木工、园艺、烹饪、哲学、意识工作等），这种天赋将作为一种生命方式对所有人敞开。

人类天赋正在进化。人类智能与本领正在发生创造性的进化，令我们能够更容易发现每个人的天赋并为之喝彩。当我们让灵动心智与灵动之魂结合在一起，或是让了知与智慧驶向超级创造，那意味着我们获得了全新的、富有活力的创造力天赋。

在"灵动心智"**章节**中，我们从头脑意识转移到了灵动心智。由内而外地，我们迈出了这一步，与生命智慧联结在了一起。活力的创造力天赋是关于这一步的进化，将灵动心智带入你之内，融入每一个细胞。如果你身体里每一个细胞，和周围空气之中都充盈着这份活力的创造力天赋，那将会如何？如果是这样，那么我们要做的就是全然地去拥抱它。

灵动心智，通过想法与灵动之魂结合，自然演变成了充满生命力的、活力的、创造力的天赋。在过去，智慧就像一个图书馆，一个你可以来此访问的静态的存储空间。在灵动心智中，讯息对我们而言更具活跃性和参与性，赋予了我们全新才智和全新路径。在灵动天赋中，似乎灵动智慧与我们之间编织成了一种富有感知的、炼金术般的合作伙伴关系，赋予了我们前所未有的、活力的、创新的、善于发明的天赋。现在，我们与生命的完整性、与所有实现自我潜能和可能性的天赋全然地联结在了一起。

这就是灵动心智进化为蓬勃的、脉动的、炼金术的、充满发明与创造性天赋的旅程。如果从现在开始，每个人都活在炼金术般的天赋中，那将会如何？生命与此刻有何不同？

我们活在进化信念之中。

我们在任何时刻探索创造。

我们超级原创性地思考，超越了现状与过往，将进化思考带入前所未有之境。

我们富有创造力，提出无人设想的全新解决之道。

我们活在炼金术的洞见之中，拥有活力、能量、明晰与信心。

我们具有领导力，没有墨守成规。

我们每时每刻都看到潜能，并支持我们接触到的每个人获得创造力天赋。

在将来，协作天赋（"geniUS"）也将对我们开放。换句话说，任何个人拥有的才能也将意味着所有人同时拥有。我们整体有可能像一个宏伟的超级大脑一样协作，共享天赋才华与潜力。我们将在本书的第三部分中进一步探索协作天赋。

如果任何人都能获得所有的智慧、知识、学问和创造力，那么我们与教育和学习的关系就会全然改变。不再需要将讯息塞进我们头脑中存储未来所需，我们能够自由地活在当下，从任何时间、空间或不同层级意识中获得我们想要了知的任何讯息。不仅如此，通过自我、头脑与活跃天赋之间的相互联结，为你带来了一个流动的炼金术般的支持系统。这将彻底改变人类的学习体验。它使我们能够将学习概念从静态信息，从错误中的领悟，进化到活力的、充满炼金术般的讯息，并且作为进化中的演化过程而优雅地学习。学习成为一个体验探索的旅程，一个优雅地展现生命步调的进程。进化是永恒持续的。当你催化生命想要的东西，学习成为这个进化运动中的显化而奇妙地发生着。

活力的创造力天赋与灵动心智完全融为一体，成为灵动之魂而深刻地存在着。它是灵动觉知与生命创造力的结合，跨越时代地蓬勃迈入全新的人类领域与存在方式。它在每个当下存在于每个事物与每个生命的每个细胞中。它来自生命本源的精华。

活跃的创造力天赋是一种能力，它可以原创与前瞻性地思考，全然活在当下，去创新创造力，运用每个想法和每次呼吸创造和改变生命。它与生命活力和联结力紧密相连。它是一种超级充能的存在状态。你可以在任何时刻选择进入天赋状态。

活力的创造力天赋是令人振奋的。它超越了思考，或是当头脑试图去理解事物时的孤立体验。随着这全新的天赋，不再需要去理解如何以及为什么，而是从创造本源中洞悉一件事物或一个概念，而后观看在哪里以及如何令它提升、激活与进化。这充满蓬勃而无限可能的天赋，充满了活力与炼金术般的特质。它结合了时代和当下生成的智慧，产生了一种全新体验与天赋表达。这带领我们重新创造生命，并为我们的自身进化提供了新的可能。

活力的创造力天赋是创新发明的源泉。它是关于所见与所思超越了现有事物的境界，是从我们周遭空间和我们体内细胞中取之不尽的全新可能性出发，去创造和进化。当你有意识地成为这个充满活力的、全新的、创造力的天才时，你的人生观就真正地改变了。你变得对生命有方向，看事物的视角也会完全改变。你不再用人类的渺小之眼去看，而是成为一双全体炼金士之眼，可以在任何地方带着从容优雅地去看到并激活创新动能。

我们已经共同创造了这一全新层次的晋级智慧，现在我们学习如何活在其中。这是种整体转变：从头脑中的个人智能与天赋，到你与我们不断持续更新的、具有创造性和创新力的可能性的整体空间。

练习

● 教练他人活力的创造力天赋——

1. 询问你的客户这是否是他们想要的：成为一位富有活力的创造力天才。并非每个人都希望立刻成为那样，因此请确保对他们而言是恰当的时机。但也要记住，我们每个人都具有成为天才的能力，你越看到它的真实性并亲自活出它，就越有人愿意步入其中。

2. 确保核实一下他们的开放度，以及他们是否处于合一状态/或超越合一的更高层次。在展开所有这些工作之前，特别要确定高我之心是敞开的。你可以通过以下方式检验他们的能量状态：（1）问他们有怎样的体验；（2）假设你是他们，看看他们的能量感觉如何，在怎样流动；（3）调适到自己的了知，看看他们在哪里是开放的，在哪里还没有开放（例如脑、心、高我之心、精神、灵魂/合一）。如果他们没有开放，那就邀请他们感受一下他们生命中的激情所在，这会令他们向合一开放。如果这样做不奏效，那就请温习本部分内容的第一章"**通向合一的路线图**"中的相关练习。你的目标是帮助他们经由开放与完整，进入融合**灵动心智/灵动之魂**的准备状态。这可以在瞬间完成，只要你不思虑过重，或过于烦琐。它也可以在几秒钟或几分钟内完成，但有时候可能需要更长一点的时间。要确保你作为一位教练不会因为你的信念而阻碍这个过程。如果你愿意他们在那里更轻松优雅，那就会发生。进入整体，然后再次超越它，这是一个能量持续不断释放的进程，将持续到你与对方教练结束后依然显现在对方身上。请记住，你在这里的教练是能量的移动与整合，这可以通过谈论围绕他们的信念和信仰来获得支持，但实际上更多的是关于人类是如何跨入一种全新层次的方式。这就是我们共同创造人类进化的意愿。

3. 下一步是为他们重新构建人类天赋如何发生的方式，这样他们就可以看到当下正向他们开放的新的可能性。如果他们像我们过去那样看待天赋，他们可能认为这是不太可能发生的。如同一种玩耍体验，请他们想象自己拥有了某种进化中的天赋，就让他们在自己充满活力的体验中想象天赋的样子，轻柔地玩耍。不要把它当成严肃而意义重大的。就让他们超越自己，去想象他们可以在一个新的天赋中行动，然后像那样行事。请确保这么做时他们是在扩展的能量流体验之中。当他们自由流动和玩耍时，这个新的天赋将成为他们的灵动体验。

4. 请他们感受到自己与创造的能量联结，或者邀请他们成为创造本身去体验自我。无论他们此刻感觉如何，请他们把创造更多地带到当下，并与每一个细胞的创造性潜能完全相连。在某个时间点上，创造似乎是个独特存在，在那里潜力和可能性都被储存起来等待被诞生。而如今，创造似乎萦绕在我们身边。如今创造渗透在一切事物之中，作为一种生命体验由内而外扩展迸发到宇宙万物。这实际上是灵动心智与灵动之魂的整合。因为这是进入灵动心智与灵动之魂的独特步骤。但你并非必须按部就班地进入灵动心智再步入灵动之魂，它可以更为灵活多变。当你正在经历这个将创造带入当下的进程，整合自然发生了。当全新创造可能性融入身体的细胞结构内，心智活跃地进化到了一个更具开放的、流动的、创造的炼金术层级，这给你带来了灵动心智与灵动之魂的紧密结合。所以我们真正表述的是如此简单：让他们成为行走着的全新的创造。

5. 这个过程推进到此刻，他们已经表达了他们想成为它，他们对成为我们人类进化的一部分保持开放，他们对新创造力天赋保持开放，并且他们已将创造带入了当下他们的细胞和头脑的层面。接下来，邀请他们成为全新的充满活力的创造力天才，去释放那些可能阻碍他们的想法和信念。要记住，也许当下对他们而言并不是恰当的时机，所以需要考虑到这一点。这个人必须愿意通过自己有意识的选择而进入这个进程。作为一名进化教练，你越是成为你自己，你的客户也就越容易作出转变。它会变得很自然，尽管一开始这似乎看起来是人们迈出的最离谱、最史无前例的一步。

6. 一旦他们接受并成为全新的、活跃的、富有创造力天才的能量，下一步就是让他们接触并与这种创造性天才的活力保持一致。一旦他们能对自己说"我是全新的、活跃的、富有创造力的天才"，一些炼金术般的发生就会自动出现。改变即刻就发生了。每一个细胞都充满了超级能量，你成为一场广阔的、相互联结的、激励人心的律动，这是灵动心智/灵动之魂的当下之舞。你在这里会发现一种创造性的炼金术。鼓励他们在这里玩耍，陶醉其中，轻盈自在。它并不是什么需要学习如何去做的事物。它是如此自然地呈现在转化过程中。它其实更多是享受生命的探索，而不是尝试努力去成为一件新的事物。

7. 支持他们去理解从此刻开始生命将会如何变化。例如，他们与学习和工作态度之间的关系可能会改变，他们将发现自己能够轻松地创造出新的想法，这意味着他们的工作将拥有更大的灵动性。通过将这种天赋应用到他们正在进行的项目中，给他们一个能够将其融入日常活动的基础。引导他们如何将超级创造力带入他们的日常生活以及他们所从事的一切活动中。

a. 请他们每天花几分钟来和创造调频，看看什么想要通过他们而发生。

b. 对事情不确定的时候请他们停下来，利用这些时刻从超级创造力清晰地接收要如何前行。

c. 如果他们在为一个特定目的而寻求创造力，引导他们如何从头脑思考转向灵动心智，向新想法和概念开放，让能量流动起来。协同他们一起创造性、原创性地思考。当我们从静态思维改变而跃升为超越自己所知的、活力的创造性思维时，这可能需要一些练习。在活力的创造力中的你将专注于新生事物，思维将在此发生巨大的飞跃。

d. 引导他们真正聚焦在鲜活和新颖上，并且留意观察头脑思维何时陷入僵化模式。让他们每一次想到或说到"事情就是这样"时有所觉察，那是一种静态思维，不是一种进化的、创造的、炼金术般的可能性。这将引导他们更持续地活在超级创造力的当下。在这里，他们与进化潜能更为调频一致，并且这个潜能成为激发创造行动的召唤。你开始作为一名创造运动的炼金术士而服务于进化，对世界和他人的影响将非常自然与优雅地发生，超越了我们通常所能想象的任何预期。

寻找充满活力和创造力的天赋进化

一旦你成为充满活力和创造力的天才，你会发现你将开始在每一刻以全新的炼金术的路径去工作。你永远不会陷入"事情就是这样"的困境，你永远都在创新。

除此之外，还有一点是：你接受自己是一个富有创造性天赋的进化者。这就是人类进化真正发挥作用的地方。

你愿意成为人类天赋的进化者吗？你能否看出这个问题不同于"你愿意成为或活出新创造力天赋吗"？

接受它，看看感觉如何。尝试承认你就是人类天赋的进化者，和全世界以及未来的所有人类一起共同创造这一进化，看看当我们焕然一新，在这个终极之地将会发生些什么，当你成为创造力天赋的源头将发现什么。它为进化之舞带来了全新气息与绚烂的可能性。

练习

● **成为创造力天才**——要想在每一天的生命中成为富有活力的创造力天才，你必须在每一刻的存在都如同**全体**正在重塑自我，生命源头正在探寻自我一般。引导你的精神、情感与能量流动共同去创造与进化。重新定义你自己，了知并深信你可以获取全体的整体天赋，允许你深信它为我们而存在于此。你不必去到任何地方获取它，它已经与我们融为一体。如果对此不能完全确信，那么请你扩展到灵动心智之中，将自己与生命联结起来，体验一下活生生的、充满活力的创造性天赋，看看感觉如何。与之玩耍，与之共舞，去尝试各种与众不同的、契合你的方式吧。

体验式实践：去应用

● 使自己进入一个完全开放的活跃的状态，设定意愿去获得这种富有活力的创造天赋。这种感觉如何？当你这样做时发现了什么？

● 将这种新天赋运用到一项任务中，比如为某个事物找到一个新名字，或者对你热衷的某件事情提出一个新想法。将你正在经历的任何难题或挑战带入创造性天赋的舞蹈之中，看看问题的解决方式是如何改变的。

● 询问自己，你是否愿意成为人类天赋的"进化者"或者"进化者之一"，看看随之会冒出什么想法。如果成为人类天赋的进化者并非你的擅长，那么就选择属于你的擅长。就我们的集体进化而言，你对什么负有最大的责任？这是一个意义深远的发现过程，通过这个过程，你将真正看清你愿意为眼前的世界和未来的世界成为谁。不要陷入承担大事的压力。请记住，在新的模式里，你可以瞬间完成你的工作，并且展现优雅与从容。

● 选择一个朋友或客户，你可以尝试这个成为新的活跃的创造力天才的过程，在他们身上试试看。或是在本书的阅读者中选择一个伙伴，共同体验，让彼此一起成为活跃的创造力天才。

● 发现如何作为全新的创造力天才去生活，尝试与你的团队，与世界各地持有同一愿景的所有人，在集体意识中合作。发现这崭新的、恒久进化的、不断协作的、炼金术般的整体天赋。

突破

这一章的突破是超越成为创造天赋和教练创造天赋的层面，跨入持续进化的创造天赋，甚至更多。它是关于你步入全然的、创造的、炼金术能量的生命源头。设想如果我们都做到这些，对我们的世界将意义何其深远！

第六章　灵动之魂的力量

◎ 本章意图

- 全然步入和成为灵动之魂的力量
- 活出灵动之魂的活力与创造力
- 共同创造力量的新层次
- 为我们的客户去教练、唤起、赋予新层次的力量

◎ 深刻潜能

- 令教练超越教练本身，成为强而有力的炼金术般的唤醒

◎ 核心要点

- **灵动之魂的力量**——迄今为止的旅程
- **通往各个层次的领导力与力量**——用炼金术的力量来行动与教练

◎ 探究性讨论

1. 你如何获取和定义你的力量？

2. 在灵动之魂中你如何体验你的力量？你的体验改变了吗？

3. 从开启这本书的学习以来，你是否体验到了力量的增长？

4. 你如何看待你的力量，以及灵动之魂的进化力量？

核心内容

灵动之魂的力量

我们在这个部分开始时观看了通过头脑、心、精神和灵魂的整合来进入合一状态的线路图。接下来，我们从灵魂进入了灵动之魂。作为灵动之魂，我们从本质到全体本质——从存在到成为闪耀的、独特的、与生俱来的本真存在，从灵魂到灵动之魂。

换句话说，我们一直在体验人类的进化。高级教练是关于人类的进化，将人类本质提升到一个全新层次。

而后我们让现实创造的新层次发生了质变，并且发现了如何优雅地、炼金术般地将进化的新生事物带入生命现实中。我们发现了一种灵动生活的方式，作为源头中的源头，创造中的创造，和进化中的进化。从这里，我们打开了通往进化智慧（灵动心智与灵动之魂结合）的通道，进入活跃的创造力的全新天赋。

下一步是把所有这些编织在一起，让它们发挥作用，进入灵动之魂的力量。为了达到灵动之魂的真正力量，让我们来看看不同层次的力量并了解它们是如何进化的。

控制的力量——力量传统上被定义为"控制他人"。这是关于控制和支配，一个人或团体让另一个人或团体按他们的意愿行事。它是等级制的，没有认知到整体的美。它是凌驾在上的力量，而不是包容的、共同创造的力量。

没有力量——很久以前（我们谈论的是上千年前）当人们处于封闭能量状态时，人们失去了获取他们自我内在与外在的认识和引导。人们开始向他人寻求指导，通常，就是那些声音最响亮、最清晰的人，那些拥有"控制权"的人。我们是在探索力量的极限，就像钟的摆动一样。我们必须深入认知"没有力量"，以便开始探讨全体都享有进化力量的道路。

不参与游戏——最近一种新的力量出现了，我们从传统游戏中解脱出来。我们对体制权力的方式说不，从传统工作和职业转移到创造新的游戏方式，这本身就是一种力量。事实上，我们所有不再玩传统力量游戏的人都给予了自己一个机会，去创造一种获取和活出新力量的方式。

软力量——当我们开始创造新的力量形式时，我们共同创造了一种力量的演变。我们发现了新的充满力量的舞蹈方式。其中一种新的力量就是软力量。它的工作是柔和地护持一个空间，治愈，带入光，和让爱变成存在。如果你以这种方式玩耍，就好像把光带入整个背景，并不需要被看到或认知到是谁做的。你对每个人都如此温柔与仁慈。

赋能性力量——接下来是对自我和他人的赋能性力量。随着力量的进化，我们开始认知到彼此之间力量的平等，并赋予别人所有类型的力量。只有对他人力量的认可才会使它诞生。传统领导力是关于控制，但新的领导力是关于具有领导力。你拥有充满领导力的人们，他们每个人都能提供独特的贡献并认可每个人对整体的贡献，从而自主地进行协作、共同创造。当你赋予自己力量时，你开始自然地赋予他人力量。

创造性力量——也被称为活力，这是力量活跃的源泉。它会在你做的每件事中迸发出火花。它不是一时之间决定出现在你的力量中，然后下一刻消失。它是完全创造性地活着。它是关于在潜能层次上带领并超越我们的所在所是，进入可以到达的最高层次。它本质上是炼金术，引导我们走向一个更大的"我们"，与生命之间建立起鲜活的联结。力量的感知来自对全新进化中的生命本源能量的鲜活联结。它从你体内喷涌而出。你成为一个喷泉，或者说充满活力的生命之源和超级创造力的源泉。

炼金术力量——超越创造性力量，这是你独一无二地成为灵动之魂源头的所在。不仅仅是和万物合为一体，去做全体想要的事情，它是关于与全体完全进化的结构进行超级联结，并将你的独特本质（进化目的和存在理由）带入进化的共创之舞。在这里，力量的充分表达是与**全体**、与你的独特本质、与进化的共创之舞中所有人的联结之中。

从创造性的、充满活力的力量转化到炼金术的力量，你与一切事物的联结被重新建立。在充满活力的创造性力量中，你与生命和**全体**超级联结着。但在炼金术力量中，你成为**全体**本身，进入一个全新的存在层次。这是令人兴奋的，你依然保持着自己的独特性，但是你与万物携手催生新事物，使潜能超越想要成为，以及超越我们设想它可能成为的一切。

在充满活力的创造性力量中，你感到异常的精力充沛，你是闪闪发光的能量和创造力的源泉。但发挥作用的是你、创造力和潜能的能量。在炼金术力量中，你与万物想要成为的能量整合在一起，在合作的意识流动中舞蹈着、玩耍着。炼金术力量有更多的能量和存在感。你超越了自我的个人能量场，进入了源自万物并为万物而舞动的宏大的能量场。舞动中的自由在这儿是非凡的。

获取不同层次的领导力和力量

软力量——软力量是指进入合一状态并积极行动，但它缺失的是与创造的联结。在软力量中，更多的是允许这种能量的存在，然后允许它自行其是。你真正在表达的是，"我不是领导者"，但你依然通过将软力量带入当下而作出了巨大贡献。你通过进入合一状态获得了软力量，并且在这种状态中你开启了与能量之间的合作。

赋能性力量——赋能性力量是你开始为成为领导者而承担责任，进而唤起他人的领导力和力量。你发现了源头力量的第一层次。它还没有与创造联结，但它是超越合一的一步。这一步发生在你真正拥有自己的领导力，以及你想要参与到要发生的活动中。这是第一次肯定和承认你的力量确实真实可见。进入赋能和赋能阶段的有趣之处在于，即使你拥有了自我领导力，你的注意力却不再聚焦于自身。它是关于授权他人也成为领导者，或者至少支持他们表达出独特贡献。这与传统领导方式不同，传统领导方式通常是由你来实现这一切。这是合作真正的开始之处。

创造性力量——在创造性力量中，你与创造建立了联结/或成为创造本身，你与力量建立了一种不同于以往的关系。创造性力量是变化的、自发的、互动的。它围绕着你，你就在其中。高我之心必须是开放的，你在充满活力的现实中，在灵动之魂中。你是真正联结的，从这儿，你优雅地、直觉地接纳当下潜能而进入创造。

炼金术力量——转向炼金术力量是进入全部本源力量的一步。你成为灵动本源之魂。这不只是具有创造力，也不只是愿意拥有自我领导力和力量。在这儿，随着你的每一次呼吸，你的每一个所见，你的每一句语言，你的每一个举动，生命不断地进化着。在这儿，我们在**全体**的力量中舞蹈。你如此轻松地成为它，炼金术力量在你所做的每件事物之中。步入炼金术力量，成为灵动之魂。请允许它充满你每一个细胞。

当你转向炼金术力量，工作的核心和本质与你一起进化。当你成为灵动之魂，你也成为灵动之魂的力量。炼金术变成了你所从事的一切的核心，改变总是非常自然地发生。炼金术力量成为一份确信，在你内在并成为你。你就是它，你拥有**全体**的所有的生命力量与强度，和人类集体进化的觉知。你的力量在能量上超越了一己之力，甚至超越了创造性力量，进入了全体力量。

一旦你进入炼金术力量，它就会永远和你在一起。它存活在你的体内。它并不是什么来来去去的东西，也不是你搬进搬出的东西。你就是力量的整体，同时你也是力量的一部分。你放弃了过去对力量的所有认知，放弃了你认为的工作是什么，全然进入一个全新的、不断发展的你/你们。你在此领悟，圆满的你一直存在，请允许你带领自己和整个人类进入一个整体的全新层次。如果你尝试坚持你所以为的你是谁，或你的工作是什么，你会阻碍力量的整合。请准备好放手让这一切离开，全然地进入此时此刻。

炼金术力量饱含了知、智慧、炼金术、创造，以及才能的存在。一旦你选择进入它、拥有它，那么你就可以拥有所有这些。这种力量真的很轻盈。它不存在小我的自我意识。它没有传统意义上的那种力量。炼金术力量释放了它所触及的每一个人。它看起来并不那么严肃和意味深长——但你可以运用一种充满活力、令人愉悦的方式来做真正有意义与深刻的工作。

它是炼金术的恩典。你可能并不关心事情的结果如何，但你仍然积极地致力于你将要采取的行动。在这个悖论之中有一种新的力量。炼金术力量带来了更多的积极行动。你不只是去做一些关于创造的或炼金术的事情，停下来，过上几天等待下一个潜能的升起。这就如同你是一股源源不断的可能性流入了现实。它是一种绽放，不仅仅是关于你的绽放。当你在炼金术力量中舞蹈，一切事物都在绽放。

练习

●**教练不同层次的力量**——软力量的目的是"具有创造力"，有活力的力量的目的是"成为创造的呼吸"，炼金术力量的目的是"将创造进化到它的下一个层次"。软力量指导他人活在更好的生命中；活力的力量支持他人跨入他们更大层次的独特领导力；炼金术力量赋能"进化领导力与力量"。当你向你、你的工作以及我们保持敞开的状态，那么进入炼金术力量的改变就会发生。你的每一次呼吸都将在此之中。你成为进化的生命和进化本身。

●**教练软力量**——首先，你要让他们愿意更多地挖掘自身的力量。很多人都对力量这个词心怀疑虑，更不用说参与其中。你要和他们澄清力量的概念，让他们能够轻松愉快地接纳与之相关的新事物。进入软力量是迈向合一的美妙一步。这非常有吸引力，不仅来自它的天然支持，而且因为它并不关注作为领导者而被看到和被认可的需要。这是进入与能量相互体验和工作的第一步。软力量实际上是一种能量性力量。它是人与能量开始进入合作共舞。去支持你的客户获取软力量：

1. 首先，向他们展示如何敞开心扉，以及高我之心。

2. 接下来，看看他们是否仍将自己（他们的灵魂）包裹起来。如果是这样，让他们将内在直接袒露在阳光下，并且去发现这样做所产生的力量。

3. 让他们拓展他们的能量，学会自己去感受合一以及他们个人能量开始流动。将灵魂包裹起来只会限制个人能量和创造性能量在现实中的流动。

4. 现在，请他们体验自己的能量。他们可能会在手部、心脏周围甚至全身有更多发麻的感觉。他们可能就只是感觉到无比的鲜活。

5. 接下来，让他们体验能量——不只是他们自己的，还有围绕着我们的各个能量层次。在这里了解"充满活力的能量"是有帮助的。因为他们刚刚进入开放状态，你需要确认他们进入了充满活力的开放而不是脆弱的开放。充满活力的开放是指心和高我之心已经打开，灵魂呼之欲出，并且他们与生命紧密联结。脆弱的开放是指，只有心是打开的，他们坐在那里向周围发生的一切敞开门户。

6. 现在向他们展示如何充满能量地工作。让我们用为某人护持一个空间状态作为软力量的极好范例。假设一个人正要进入会议室，与一屋子情绪混乱的人开会。仅仅以个人能量走进去，只意味着他会受到那些会议室里正在大声呼吁、争夺话语权的人们情绪波动的影响。还存在另一种选择。他可以调频到会议的潜能层面的能量，把它们召唤到空间里，让空间里充满这些潜能。他们就成了空间里的能量调频师。他们为最美好事物的发生护持空间场域，即使他们一言不发。以能量想要呈现的方式去工作，是如此富有生机。

7. 在软力量中，人们变得生机勃勃，并从中开始运用他们的能量（激情、远见、潜力、创造力等）来推动事物发挥作用。他们正在获取他们的力量，虽然他们并不一定意识到。他们走出自己的方程式，让能量经由他们而工作。

●**教练活力的创造性力量**——在软力量里，除了已被激发的潜能，不会生成其他行动。但在充满活力的创造性的力量中，往往有一连串多样的活动与舞蹈，它们相互作用着，还有不断激发的全新层次的火花在闪耀着。因此，在充满活力的创造性力量中，作为教练的你必须引导他们进入具有自主意识的良好的创造状态，他们以一定的自我权和力量去影响事物发展。事实上，就在这个点，你将他们沉浸在自我激情和愿景的能量中，并与他们进行如何创造性实现的领导力对话。

● 让你的客户以任何令他们感觉良好的方式联结到创造力。以你能用的任何方式，指引他们去往充满活力的创造性力量。它是纯粹创造、发明创造、进化创造，等等。让他们沉浸在创造和无限可能性的火花之中，"火花"是一个关键词，将指引他们去向充满活力的联结之中。

● 现在，他们与活力的创造性力量联结在了一起，请他们描述一下感觉如何。他们变得更富有活力了吗？他们是否感觉到有更多能量穿过身体？能量的品质或频率是否从个人的软力量转变成为充满活力的创造性能量？问他们这些问题，通过交谈，让他们意识到创造力的转变。

请他们现在与想要进入他们的潜在能量去联结。请允许他们玩耍，去探索发现自己与创造力的独特联结，以及创造力想要经由他们发生什么。

在软力量中，客户是在现实中行走，带来更多的东西。然而在创造性力量中，他们实际上是作为创造力的力量在行走。他们携带着现实，进而把现实带入他们的工作、生活和玩耍中。因此，在为会议护持空间的软力量的例子中，他们可以运用活力的创造性力量，来创造一个充满潜能的空间，然后激活这个空间作为它自身的创造力源头。他们不再"持有"任何事物，一切的发生并非来自他们的一己之力。这是潜能成为创造力源头的力量，他们是发起者或是创造者。这仍然是他们和它，但远比他们以前拥有的力量要强大得多。

● **教练炼金术的力量**——教练从个体到全体的跨越

让他们把能量扩展至宇宙之外——同时始终保持以自己的物质身体为中心——去探索**万物一体**的感觉。这最初的举动往往是一种平静而扩展的洞察力状态。你需要鼓励他们从那儿进入**全体**的力量，去拥有它，并愿意推动它变为现实。以最优雅的姿态进入这种转化的人，是那些已经决定放弃自以为是的自我身份、自我成就，而意愿去发现自我新生的人。因此，作为教练，鼓励你的客户放弃他们对自我的看法，而意愿去转变、实现、绽放。这种意愿会激发其他一切进入神奇的绽放。它就是添加的魔力成分。

另一种选择是邀请他们从灵魂步入灵动之魂（全新浮现的生命源头）。这跨越轻松地将**全体**的感觉融入生命体验中，减轻了转化带来的难度。

最后一步发生在他们将本质转化为全体的本质，进化他们所存在的目的和意义时。

但是进入灵动之魂和**全体**，并不能保证炼金术力量的发生。你可以从那里获得它，但不一定会成为它。那么，怎样才能成为它？请尝试下列方式，首先在你自己身上试验，然后用在你知道有这种意愿的客户身上：

1. 引导他们联结并回到他们的本初源头。邀请他们试一试，看看会发生什么。每个人可能会走不同的路线或去到不同的地方。让他们的内在觉知引导他们的旅程。

2. 一旦到达那里，让他们找到他们当前最重要的目的或生命存在的意义，追溯它的源头。为他们写下来那是什么。这是很重要的。等下你就知道为什么。

3. 当他们发现了那最重要的存在意义，让他们完全成为它。如果他们真的非常喜欢他们当下与源头的联结，让他们在这儿充分享受几分钟，甚至花上好几次教练的时间。

4. 当时机成熟，请他们把生命存在的意义和使命带入炼金术进化之中，并允许它进化。让它和他们自然地找到通往下一层次的新的源头之路。通常会发生的是，他们发现了一个巨大的炼金术的天地，他们从那一刻开始就活在其中，不断地自我进化。他们其实可能正在放下过去所认识的人性，作为一个闪闪发光的崭新生命加入人类的进化。

体验式实践：去应用

• 你目前工作在哪些力量层次？你准备好进入下一层次了吗？如果答案是否定的，回答时你产生了哪些想法？检查一下你的这些想法是否真实，如果不真实，请继续向前。然后再问一遍这个问题，看看你是否下决心要进入更高的力量层次。你可以只是设定意愿进入下一个层次的力量，看看会发生什么。你也可以积极地在能量上体验，看看你喜欢这种感觉吗？与它一同玩耍，与它一起探险，去尽力探索你和你接下来的力量层次。

• 如果你的生命目的与存在意义想要被进化的话，你可以找一位正在阅读本书的伙伴，一起去探索。

• 请考虑这样的可能性，即所有的教练活动都围绕着推动人们进入他们生命中更大的领导力和力量层次。因此，你的目标并不只是针对一两个特定客户，推动他们前进，而是让你自己成为一名定位在教练人们领导力和力量的教练，如果这和你的职业与生命意义吻合的话。看看这会如何改变你的教练生涯。作为一名教练，支持人们走向领导力和力量的旅程，并引导他们在这条道路上前进，以实现圆满的生命。在你的教练生涯和生命中，将领导力和力量轻盈而优雅地带入你所做的一切。但不要止步于此。毕竟，你现在是一位进化主义者。在今日的世界，你又将如何去进化领导力和力量？

• 闭上你的双眼，成为**全体**的力量，联结到为推动我们人类的集体意识进化而伫立于炼金术力量之中的所有的存在，看看那感觉如何，又有何不同？关于智能、联结、思想、头脑功能、创造等，你有什么发现？伫立在你未知的地方，看看有什么正在进化。即使你承认你对它一无所知，也同时会意识到你和我们都是它的创造者，在某种程度上我们已经创造了进化的可能性。现在我们正在把它变成现实。这将引领我们以卓越的表现进入高级教练第三部分的内容：全体炼金术的力量。

突破

与全体和炼金术的力量共舞不仅仅是你在这样做。即使你可以成为它，并以一个单独的存在而去做这件事，它依然是与万物如此互相联结的，实际上它是与万事万物以及每个人、无处不在的所有生命的协作。这一章的突破是人性的完全进化，也是领导和权力进入全新层次！

也许人类进化已经在前进，也许一种全新的、更有觉知的源头能量已经充满了我们的每一个细胞。我们最近的变化只是我们目前能够猜测到的集体共生方式的冰山一角。我们越活在其中，我们越与之共舞，它就越具有炼金术魔力，人类就越能超越自身而进入一个辉煌瑰丽的新世界。

灵动之魂部分的总结

祝贺你完成了灵动心智和灵动之魂的学习！

　　你即将成为今天世界上的进化推动者和进化型领导力与力量的源头。正是从这里，我们开始了进入协作领导力与力量的旅程，进入我们的集体进化。我们邀请你继续与我们携手共进，作为意识的共同创造者参与接下来的跨跃，它将由我们经过个人努力和集体协作而形成。戴上你的进化之帽吧！

第三部分

进 化

第一章　愿景管理

◎ 本章意图

- 创造一种强而有力的全新路径，将创造性天赋和愿景变成现实
- 在一个更宽广的游戏中起舞，拥有全新的潜能层次，这些潜能正等待着变成现实

◎ 深刻潜能

- 每时每刻，在最高层次上去体验那些想经由我们发生的事物
- 实现进化的成果，享受最美妙的时光

◎ 核心要点

- **什么是愿景管理？**——与强大的潜能一起共同创造
- **新范式中的领导力、力量和愿景的实现**——臣服于能量的魔力

◎ 探究性讨论

1. 什么是愿景管理？

2. 你如何在教练时调频到可能性和潜能？

3. 你如何进入并教练愿景？

4. 你如何进入并教练超级创造力？

5. 你如何成为你的现实的创造者？

6. 你如何教练他人创造他们所选择的现实？

核心内容

什么是愿景管理?

今天，我们生活在一个崭新的千禧时代和全新的现实范式中。这是一个属于愿景管理的时代，我们将自己带入创新创业、活力商业和源头的现实创造的新层次。

愿景管理是关于超越自我的一步，进入创造力本源并成为它。它超越了你自身，超越了你的能力所及，超越了你的欲望。它就发生在你与那不可思议的能量在当下共舞的时刻，为它赋予能量并支持它的实现。这些能量将与你的激情和兴趣匹配，但它们远远超越你的需求或渴望。当你与这些全新潜能合作并融为一体，它将为你带来超乎想象的能力、同步性、协同性和协作性等。

愿景管理来自与深刻强大潜能的共同创造。在这一步，你会变得比你想象得更为强大。作为一个愿景管理者，你携带并且作为多种层次潜能而行走于现实。你会探索发现一种全新的游戏范式。

旧范式中的愿景实现是这样的:

你基于市场及其需求的逻辑理解而提出一个想法或愿景。旧有观念中，它历来是个单一想法或基于过去的认知（例如市场趋势、预测等）而延伸的静态愿景。一般而言，那些愿景是基于你的欲望或是你认为别人的欲望而形成的。

这种愿景的实现是以目标为导向的，借助一个项目计划描绘出你将如何实现愿景。你调动你的资源，一步一步地向前推进，直到实现你设定的目标。

你知道你想去哪儿，以及你将如何才能到达那里。这种方法很少带来可能性上的飞跃。这种愿景通常由一个人掌握，他指导、推动并带领着这个流程，直到愿景的实现或失败。实现愿景的责任就落在这个人身上。即使他们试图让其他人参与进来，往往也很难将他们对奋斗目标的激情和能量传递给其他人。

即使采用了最有创意的方式，人们会提出很多想法，然后理性地分析哪些在实际层面上可行或不可行。但当想法被付诸实施时，它们已经被稀释了，不再是最初那个充满能量的激动人心的版本。

在旧范式中，围绕愿景的领导力是如此繁重——要么有大量的任务必须由你自己承担，要么你必须努力让他人参与到你想让他们完成的工作中。如果你是领导者和持有这样愿景的人，那么所有人必须不停地回到你的身边，来请示问题和安排下一步行动。

在旧范式中，各种目标在设定之后随即变得僵化。在不惜一切代价实现目标的过程中，他们往往背离了设立目标的初衷。在很多情况下，进展并不那么顺利，可能会有大量的斗争与压力。即使如此，有时候人们还是无法实现他们的目标。为什么会这样？因为他们并没有与想要发生的事物一起合作。他们一成不变地试图以旧方式去实现一些东西，试图用他们的个人能量去推动它，而并没有将潜能的强大的能量资源运用到现实中。他们被目标卡住了，并不能灵活地、创造性地跟随当下而改变，因而目标实际上变成了包袱并限制他们激情和创造力的盒子。

新范式中的状态是如此不同——它是流动的、动态的、当下的、极具创造力的，并非基于市场的需求和走势，而是去发现什么想要经由当下发生。你发掘这种愿景的能量，并成为它，这样你所做的每件事都浸润在这种充满激情与创造力的能量中。因此，在新范式中的愿景拥有了更多的动力，更广的创造性，更多的激情、驱动力、自发性和协作性，因为人们渴望参与其中。

新范式中的愿景管理是这样的：

你和现在世界上想要经由你而发生的事物有力地合作并促使其成为现实。这是发生巨大飞跃的空间。

当你接触，进入，并与想要发生的事物合作，你就成为多重愿景的管理者。这是为什么？因为你在与想经由你发生的多重潜能合作，而非仅仅专注于一件事物。你进入一个更广大、更宏伟的视野去看待每一件事物，你发现当你让其中一个潜能发挥作用，其他潜能也会流转得更流畅。你成为一位更伟大的、与万物合一的生命舞者，你发现致力于投入舞蹈本身已经超越任何一件具体事物。

新范式中的领导力是轻盈的、有趣的，而且惊人地强大。你与他人以领导力的方式进行合作，令每个人都能在能量之舞中贡献他们所能给予的。每个人都拥有如此独一无二的领导力，每个人都为参与到愿景在这个世界上的实现过程而兴奋。

你所见的愿景是闪亮的、崭新的、从未见过的。它们并不锚定在过去；现在它们为创建一个无与伦比的崭新未来而以富有能量的方式共创。这些流动的愿景的实现来自能量的舞动，资源在所需之时将随时出现。

你联结到超级创造力并且知道：当你成为这个能量本身，一切皆有可能。能量实现会创建出一些令人惊叹的新事物。你不必陷入担心事物将如何被认可的泥潭。你正与当下世界想要发生的事物一起工作，并且知道它会以完美的方式落地。

你所管理的愿景的源头是什么？这些新潜能来自一个全新的创造力源头，一个充满全新可能性的地方。它们来自全新创造力的源头，来自令自己充满活力的生命。就好像创造性生命和存在一直给予我们全新的选择。它们就在我们周围的空气中，等待着被吸入、被召唤、被激活而成为现实。有如此之多的新的可能性等待着被实现，即使星球上的每个人都选择 100 万个可能性，仍然会有新的可能性源源不断地形成。空气中的潜能正在激增。

如果你试图从人类和世界长期维持的现状来看潜能，那么你会错过这些新的潜能。你必须愿意在已知的一切之外寻找它们，但你不必行万里路去寻找它们。你可以在此地，就在此刻，展开无限的思考与创造。这听起来可能有点吓人，你可能会怀疑"这真的可能吗"。是的，是可能的。简单地停止思考过去一直是如何如何的，愿意去召唤下一个崭新的、最新的、想要发生的潜能。它被你吸引，而你是吸引它的磁铁。这正是新范式的魔力所在。在那一刻你全身心地投入一切万有的全体的最高潜能，而它们也源源不断地涌向你，与你共舞。

这些全新的潜能被召唤到你身边，既是因为你独特的激情与愿景，也是因为同时存在于物质层面和更广大的自我层面。它们的到来是为了回应你对我们所有人类崭新未来的积极承诺。在这个层面，这些全新潜能的能量似乎因你而来，然而在另一个层面，你正在有意识地创造它们并召唤它们的到来。当你的宏大与创造力源头的宏大结合在一起，它就发生了。它是一个宏伟巨大的创世合作！它发生在更伟大而广袤的能量场之中，以极其优雅和轻盈的姿态将意识的涟漪化为现实。

练习

● 成为愿景管理者

1. **进入充满可能性与潜能的世界**——为了进入这里谈及的世界（它实际上是个不同的世界和现实），你必须将自己从一个充满问题、难题、挑战和混乱的世界，重新定位到一个充满可能性、潜能、激情和游戏的世界。

你该如何做到呢？很简单，只要把它说出来，并且真心地相信它就可以了！你可以在任何时刻自由地选择这种重新定位。如果愿意，你可以永远选择它。这不是一件需要努力的事情。努力去做吧，看看感觉如何。

如果你不能马上对它说是，请看看有什么想法使你不想这么做。把这些想法清晰地摆在你面前，看看它们现在是否是真实的。你会选择这些想法作为你选择和成就的指标吗？如果不会，那就把它们扔进垃圾桶。彻底清除它们。它们对你已经毫无益处，只是待在你的内在阻碍你去做真正想做的和该做的事情。不断地清除它们，直到整个空间变得清澈。不要给这些念头任何能量。把它们继续扔进垃圾桶直到你也变得清澈。然后选择重新定位。

请谨记，你是一个神奇的生命，在不可思议的持续不断地进化之中。请不要为小事烦恼。成为更广大的，醒目的、敢于冒险的、无所畏惧的、善于创新的存在。选择去看到潜能和可能性不意味着什么，只是表明你准备好参与其中了。

2. **成为潜能的能量**——无论你致力于推进现有项目的下一步骤，还是带来一个全新的愿景，以下步骤都是一样的：

·深呼吸，感受你的意识从你身体中心向外不断扩展，直到你的意识进入最为宏大的扩展状态。

·召唤现在想要经由你而发生的最高潜能的能量（你可以把它具体到一个项目，或者让它全然保持开放）。

·让能量以任何你觉得自然的方式呈现，然后让它通过呼吸流经你的全身，透过高我之心向外发散。保持重复这种炼金术式的呼吸，直到能量在你面前全部释放出来。

·然后请它告诉你它是什么，问任何你想知道的关于它的问题，然后再决定你是否愿意与它合作。

·如果你的答案是不愿意，没有问题。这些能量和潜能将会转移到其他愿意与之合作的人那里。

·如果答案是愿意，那么就进入这股能量中，完全地、强有力地成为它。

认出它是你在最卓越层次上的自我显现。

·你可以把这个方法应用于多重潜能。当你与多重潜能的能量场融合时，你会有超乎想象的变化！

3. 作为这些新能量去发挥作用——愿景管理是关于作为这些新能量去发挥作用，而不是作为个人能量与那些新能量一起工作。这有什么不同？这种能量与你和想要发生的事物共同创造。你是整个宏大的能量系统的一部分。如果只是以你个人的能量去发挥作用，也就是与潜能保持距离的话，你的心智将成为某种阻碍，而不能成为合作、共创之舞的一部分。如果你成为潜能的能量并作为这种能量去发挥作用，那么一切都将与之配合，那时候新的生机、超级创造力、协同性、同步性和全新的神奇事物将自发地涌现，让这一切成为现实。它带走了过程中的挣扎，把轻松流动融入了整支舞蹈。

4. 开始在更宏大愿景的能量场中发挥作用——你是否愿意为实现当下想要发生的最宏大、最瑰丽的表达而工作，为这个世界和更大范围的最高潜能而工作？如果你的答案是肯定的，你将发现自己更为紧密地联结到这些新愿景和可能性。当你步入它们时，你会成为那些能量场行走在真实世界之中。

你实际上可以作为多个能量场、多个愿景，或多种可能性的表达而行走着。这种新的游戏范式，在任何方面都不是单一的或是线性的。不可思议的是，它允许多个事物同时发生，相互推动，相互作用，使每件事物都变得超越了它们自身。它是关于带领多种潜能发挥作用去创造更丰富新颖的事物。

5. 愿意在此刻彻底重塑你自己——作为一名愿景管理者，意味着你可以在每一刻彻底重塑你自己。从这一刻起，你可以成为任何你想成为的人，只要愿意重新塑造你自己，你就能改变一切。

一旦你进入这个空间，你就开始发现你正在有意识地、不断地放弃所有老旧的和不合时宜的东西。你会很舒畅地放开那些不再对你有任何能量的计划、想法、信念、存在方式、性格、长久以来习得的惯性。这带来了喜悦和持续不断的势能，让这个雪球继续滚动吧。这就是新的动力。

可以说它是关于全然地活在当下，但实际上比那更进一步。它是活在当下，以及实现新的未来。它将你对未来的憧憬编织到当下，赋予它魔力、轻盈、乐趣和力量。

6. **成为你现实的创造者**——在这个空间，你成为你的生命现实的创造者。你会意识到那些陈旧规则只是一些盒子，只是前人制造出来的条框而已。为什么我们现在要再给它们喂养能量？没有你必须遵循的固定的生活方式。

也许这个世界正如你所希望的。你希望它怎样，它就怎样。从这个方向出发，你可以创造你所希望呈现的世界，然后走进它并与之融合。你的想象力是如此神奇的工具，我们建议你将想象力从儿童般的玩耍转变为创造现实的工具。

新范式中的愿景实现

在新的范式中，你不能完全通过逻辑或推理来考虑问题。你必须有意愿让奇迹发生，允许创造性的新发明超乎你的想象。新范式中的领导力意味着愿意大胆踏上无人涉足的领域，并优雅而有力量地带领他人进入创造与进化的舞蹈中。

力量在这里是指活跃在世界上的无限创造的力量。它闪耀着，舞动着，穿行着，潜行着……它有坚毅的勇气、难以置信的力量与临在。没有什么是这种领导力和力量层级不能与之共舞的。它为了全体拥抱并热爱一切伟大的、卓越的、壮观而瑰丽的事物。

在新范式中，实现愿景始于放弃你所知的所有如何使事情变成现实的想法。你臣服于这股能量的魔力，这不是被动的行为。它是共同创造的、来自源头的伟大行动。它是完全融入舞蹈，放弃任何你认为应该如何进行的想法。

你完全臣服于音乐和舞蹈并与之合一，最难以置信的，拥有艺术性的、创造性的卓越成就诞生了。当你成为音乐和舞蹈，你将被带入一个未知的层次。现在我们谈论的是将这种巨大的创造带入生活、工作、玩乐和存在的各个方面……**全体**生命就此成为舞蹈。

实现愿景有很多步骤，我们在本章列出了许多步骤。但如同舞者一样，如果你停下来斟酌每个舞步，并确定准确无误，那么你就会错过完全沉浸于音乐和舞蹈中的那种纯粹又全然的魔力。我们这个世界的伟大艺术家们一直都知道这种状态。现在是时候把它应用到我们的生命与一切行动之中，是时候作为愿景管理者活出充满活力的、优雅的、丰富的、神奇又瑰丽的生命。全体人类都能够实现这个转变。

与传统愿景相反，你已经通过带入新的潜能从一开始就影响了世界。无论你在做什么它都立即发挥了更大的影响力，影响了这个世界以及更大的范围。这种力量源于我们最真实的存在与潜能能量的结合。这两者的共舞是令人惊艳的。在潜能的所有层次上开心地玩耍，作为一个愿景管理者去探索发现最新的自己。

体验式实践：去应用

- 和想要发生的事物合作，而非努力追求你想要的东西。
- 进入更宏大、更高潜能的能量流中，并成为它。
- 不要设定目标。相反地，在每一刻都要进入超级创造性舞蹈，把想要经由你发生的事物与你的热爱融合起来。
- 召集其他人一起加入围绕潜能的合作之舞。他们会想要参与进来，因为召唤是如此强大和有趣。他们被召唤到潜能的能量中，开始与你一起共同创造。你不必是唯一一个承担愿景或计划实现责任的人。

● 任何你感觉被卡住的时候，停下来，调频，看看当下这股能量想要什么。也许这正在引导你走向不同方向或采取不同策略。也许有新的潜能等待你去实现。

● 享受乐趣。当你把它看得太严肃而没有享受这美好的时光，实际上你就是在破坏它的能量。新潜能和富有活力的愿景是有趣的创造和玩耍。其他的都不算是真正的新东西。

突破

本章的突破是一个新的范式，在这个范式中，每个人都在超越自我，与创造力合作并成为它本身。它是关于成为一个超越我们最狂野梦想和想象力的、不断进化中的未来进化，进行现实创造。

第二章　整体炼金术

◎ 本章意图

● 展开炼金术向**整体炼金术**的演化，并将其作为一门新的生命科学和职业加以阐释

● 能够使用你的神奇能力

● 真正领会作为**全体**能量去推动转变、创造和进化意味着什么……甚至只是为了乐趣而工作意味着什么

● 能够在全新的以及进化的集体意识中工作，并且为了它而工作

◎ 深刻潜能

● 本课程中的每个人都掌握**整体炼金术**进化的艺术，并在此过程中向世界传播一种新的工作方式

● 将人类提升到一种全新的存在状态

● 生命进化无处不在

核心要点

- **炼金术和整体炼金术**——有什么区别
- **迈出从炼金术到整体炼金术的一步**——拥有力量，以及作为**全体**和为了**全体**而工作的整体性
- **整体炼金术教练**——发现你内在的源头是**全体**的源头

探究性讨论

1. 你如何获得和定义你的整体炼金术的力量？
2. 你如何体验你的整体炼金术的力量？
3. 你如何使用你神奇的教练能力？
4. 你如何教练集体智慧？

核心内容

炼金术和整体炼金术的区别是什么?

从炼金术到**整体炼金术**的运动是充满能量的一步。这是从个体的人类存在状态转变到一种灵动的包含**全体**资源的新的存在状态。它包括:

1. **重新创造**

尽管炼金术被认为是无中生有,但它实际上是将一种东西转化为另一种东西。而**整体炼金术**是我们直接与创造和新事物一起工作。它的确是从无到有。我们并非着眼于它是什么。我们将目光超越这一点,在纯粹潜能和纯粹正念的层面上创造,在这一运动中,我们诞生了一些有形的和新的东西。

2. **成为一切的能量**

炼金术和**整体炼金术**之间最大的区别是能量场,包括你在其中工作的、你和它在一起的以及你所成为的那些能量场。如果你现在尝试使用炼金术,你可能留意到你会退缩到个人能量场中去做一些事情,但是**整体炼金术**让你作为**全体**和为了**全体**而工作,不存在个人投射和定位。

使用炼金术时,你就是在使用自己通用的能量工作。但在**整体炼金术**中,你成为**全体**的场域,那里充满了进化的可能性。这在世界上已有的任何一种形式中都不会发生。它是一种完全不同的体验,它包含了你的存在状态的整体,而不仅仅是你正在做的事情。

3. **生命、创造、进化和源头的整体性**

意识包含(或已经包含了)穿越时空的所有炼金术士的智慧和知识。但**整体炼金术**意识是一种你进入后能感知到的当下的生命力量。它是穿越时空并且超越时空的所有意识的融合。这是一种新源头的灵动存在，在这种存在状态中，想要成为、创造和去做的，都会自然发生。这是一个充满力量和能量的运动，是和整体一起、作为整体本身以及为了整体的运动。这种存在状态是生命的全部，它让生命本身更鲜活，创造更多的创造，进化更多的进化，启动更多的源头。

迈出从炼金术到整体炼金术的一步

在**整体炼金术**中，我们会要求你拥有作为**全体**和为了**全体**而工作的力量和整体性，放下你所知道的你，进入一个不断进化的新的存在状态，愿意在这种状态中并以这种状态充满活力地、**整体炼金术**般地舞动。

当你迈出这一步，你就成为完全灵动的整体和存在状态，它是关于你所代表的、为之工作的并且作为它而工作的事物。这是一种不断进化的、巨大的存在状态。

在和**全体**联结并成为它的过程中，你必须愿意"放弃"对自己的所有其他看法。这是迈向未来的巨大飞跃。这感觉像是投降，但不是真正的投降，甚至不是死亡或重生。它完全地、彻底地放下了个体和个人的东西，在这个整体的新空间中，这些个体的东西甚至将不再具有相关性。你不再把能量放在与你个人相关的事情上，同时，你是宇宙的最终源头，所以你也在照顾好自己。你所有的部分完全与**全体**、一切以及生命合一，去活出它和进化它。从那里流动着自然的、有机的和持续的运动，让每一刻都是崭新的。然后，你完全进入存在、成为、创造着创造、激发源头、进化着进化的创造时刻。你成为现实创造的全部源头。

一旦你完成了进化范式的过渡，在**整体炼金术**式的生活中，你将体验到这样一些特征：

● **极度自我关爱**——在**整体炼金术**中，会有一种真正的冲动让你感受到每时每刻需要做什么。你不得不和想要发生的事情的能量一起前行。这是一份邀请，但是不可抗拒的邀请。你意识到需要照顾好自己，享受更多的乐趣。你已经进入了水晶般的清澈状态，你的能量感知会告诉你要如何对待自己。你知道每时每刻要做什么，并且对此感到轻松和快乐。每一个当下你都希望成为最好版本的你、我们、**全体**、生命。

● **真正的富足**——每一个场合都是特殊的场合，一个庆祝生命中一切辉煌的机会。毕竟，如果生命作为你并通过你而释放自身的活力，那么你的生命怎么可能不是令人喜悦的富足呢？

● **轻盈感**——这种新的生命状态并非那么严肃和意味深长。我们可以在创造超级宇宙的同时享受无尽的乐趣。过去人们感觉有必要"改变世界"。这让人感觉很严肃、沉重并且很繁重，因为它聚焦在我们不喜欢这个世界的部分。现在我们知道过去的一切都不是真的，并且很快就会被遗忘。以这种严肃、陈旧、"改变事物"的方式工作是不会奏效的。我们正在进入这个充满活力的、神奇的**整体炼金术**游戏，在这里一切都是崭新的。这一切的真正伟大之处在于，我们让自己走到了这一步。这不是关于相信什么，这是关于存在和探索。所以，请享受探索的乐趣。我们已经进入了一个全新的空间和新的生存状态，那就融入其中吧。新规则是什么？有规则吗？应该有什么规则吗？在这种新体验中庆祝、享受并快乐——不再让它变得如此严肃！尽情地玩耍吧！

● **通力合作**——合作本身就在经历着一个巨大的转变。在以前的合作中，我们会共同调频感知想要发生什么，然后我们几乎会得到同样的答案和感觉。但在**整体炼金术**的某个空间，有一个人能够将事物保持在绝对完美的状态，并且事情就会向着这样发展，因为这个人作为整体/万物/生命能够看到那个宏大的画面。如果我们中的任何一个人作为**全体**和作为**源头**把握了某事的完美，那么无论合作中其他人在那一刻感知到什么，它都会实现。要让这一切发生，必须有其他合作伙伴的支持、理解、信任和允许，完全相信这个人拥有实现最卓越成果的完美愿景。

●**没有分离**——你已经调频好了；你无须再停下来进行调频，它是无缝联结的。你是如此地"在当下"，以至不再需要进行计划和准备。你无须去寻找和获得想要发生的事物的能量，因为你就在其中，属于它并且成为它。过去，我们会调频到想要通过我们发生的事物的能量，唤起它，然后和它一起共创。这是我们在用自己的意识工作。但现在，在**整体炼金术**的舞蹈中，我们就是在行动和表达的意识。我们不是在和它一起工作，我们就是它。每时每刻我们都是作为它在创造，没有分离。这会以非常宏大和优雅的方式创造出一种极好的、令人兴奋的、流动又持续的活动。

●**万物可用**——一切都已经在那里了。你可以唤起更多的东西，但实质上当下所有一切都已经准备好了。所有的可能性都已经充盈在我们周围的空气中，充满期待和活力地等待着。在这里，万事万物都变得更加鲜活。

●**一支更大、更美的巨型舞蹈**——每个人、每件事物都以前所未有的方式参与到**生命**的舞蹈中。生命是有觉知的、鲜活的，于是有了一支更宏大的、充满生机的舞蹈。你会发现自己正在和一些看似没有生命的物体交流——一棵树、一根电话线、一块石头——你知道你正在和生命交流。这是你随时在和万物进行完全的合作。不仅如此，你通过自己在做的、看到的、呼吸的、谈论的和触摸的每件事来唤醒生命，你就是生命的**整体炼金术士**。

整体炼金术是当你能够将某件事保持在最完美的状态，释放它所有的能量。在那一刻，你和它不是分离的，你就是它。作为整体，你完全进入了能量流中，每时每刻与想要发生的和需要发生的事物保持合一，同时你也是**整体炼金术**运动的源头。你在蜕变自己、生命和**整体**，并且在这个运动中变得越来越强大。

当我们知道我们就是万物、**全体**、**生命**、行走的灵动意识，并且与之合一，我们就能在我们所做的一切事情中发挥**整体炼金术**的作用。在转变的过程中，就像你身体中的每个细胞都在进行重组——你、**全体**在每个层级上都进行了重组。

练习

●**顺利完成向整体炼金术的转变**——作为先行者，变革有时会让人感觉是充满挑战的过程。但随着越来越多的人迈出这一步，它会变得越来越容易……直到突然之间，每个人都在那里了，而且非常容易。有一些方法可以让这个过程更简单一些：

●**设定一个进化仪式**——标志着旧的结束和新的开始。这可能是写一份你要放下的事物的清单，以及另一份你要拥抱的事物的清单。一旦做到，你就进入了另一个充满能量的空间，这时你就可以撕掉这两个清单，把它们都忘掉。

●**放下过去，它不再是真实的了**——当一些东西从过去或旧的思维方式中冒出来，意识到这些都不再是真实的了，这样做有巨大的力量。它们只是过去的印记……一个你曾经玩过的游戏，一个虚假的结构。进化范式是现在的现实。所以，当过去的事情出现时，知道它不是真的。尊重它、爱它、放下它，并沉醉于**整体炼金术**的时刻。你可以选择把自己的能量和创造力投入到哪里。

●**交流经验**——参与到谈话中。在进化范式中持续地、协作地和他人交谈你的经历。这能帮助你理解发生在你身上的一些事情，并帮助你完成蜕变。当你能看到超越自己的更大的画面，它能把整个经历重新定位为一种优雅和轻松的模式。

整体炼金术教练

在**整体炼金术**能量中工作，能将我们带入一个新的教练层级，使这一领域出现全新的转变。我们正在以一种越来越新的合作意识进行工作。远远超过了实现个人目标和愿景，我们正在以一些新的方式工作，这能在一瞬间激发前所未见的新的生命状态。我们每时每刻都在做着令你作为教练感到惊叹和震惊的事情，更别说你的客户了。

作为**整体炼金术**教练，你被邀请在每一刻与生命重建一种崭新的关系，成为生命前往新状态的运动本身。你进入到神奇的运动中，并开始与想要为你的客户发生的事物共舞，你是这一运动的源头。你成为神奇的场域，你就是**整体炼金术**。你是一切和**全体**，除非你承认这一点，否则它总是与你分离的捉摸不定的东西。

要成为宇宙**整体炼金术**士，你必须拥有它。不要只是臣服于它并与能量共舞。成为它，你就是那个魔法，成为它自身能量的新源头。

作为**整体炼金术**教练，你和你的客户之间没有分离，但当然也有分离，因为我们每个人都是独一无二的。这是一个美丽的悖论。如果你就是一切，那么作为**整体炼金术**教练，你可以进入自己的内在，去发现客户作为**全体**以及可能成为的样子，他们真正活出来的是什么。当你在你自己的内在触及这一点时，他们就会完全地成为他们自己。这并不是要走进他们，与他们成为一体。因为这样做往往会扭曲或破坏这些能量特性。相反，这是关于你作为**全体**、一切、**生命**，去触及你内在那个就是他们的地方。

在这个转变的层面上，他们立即整合了他们更大的自我，同时也触及了他们更宏大的自我。但这里也有更多的、新的东西。这是一种新的、神奇的存在状态，它成为鲜活的现实。你疯狂地、失控地、极度地爱上了他们，同时他们优雅地进入了转变的过程。在这种新的转变过程中，他们优雅地超越了个人和个体，并且发现自然和自动地进入了一种新的、协作的、有意识的存在状态。

这是一种全新的联结层级。它是一种不同的运动……极好的、令人亢奋的优雅，伴随着同时来自内外部非常深刻的永恒的力量和速度。正是这种不同的运动创造了新的魔力。这种新的、协作的、鲜活的整体性正在邀请我们所有人（**全体**）去教练如何总是重新创造与**生命**以及**全体**的关系。

你如何与他人一起到达那里的关键是，你成为超级**整体炼金术**士，活出你自己。这就是超联结的神奇流动状态。它不仅仅与语言有关。在这个空间里，你完全地、真正地将超级能量特性或超级能量本身激活，进入运动中。这是正在进入**整体炼金术**般超级能量的充分展现。你完全地成为它在行走着、呼吸着。你其实可以保持沉默并做**那件**最富有意义的工作。

你和你的整体、他们的整体、你周围以及你内在**全部**鲜活的存在一起工作。你是在整体中工作。无论坐在你面前的是谁，你已经超越了作为一个个体与另一个个体一起工作，而是作为**全体**和**全体**一起工作。这不必是压倒一切的状态。这只是关于拥有**整体炼金术**，并在你所做的任何事情中都成为它的源头。

你看到我们从第一部分的第一天到现在的运动了吗——从心智和个体自我到超级存在，持续自我进化？

我们还从个体潜能前进到深刻（改变世界的）潜能，纯粹（进化的）潜能，然后到超级潜能。超级潜能也包含进化，但是以一种不同的方式。在超级潜能中有更多力量，并且是一种更加一致性的体验。你完全成长为你自己，你和它都拥有更多实质性的内容。这里面有一种成熟和融合，将想要发生的事情带入到对持续运动和鲜活存在的更大的感知中。当今世界，很多人已经从个体生命走向了超级生命状态，这让我们创造了前所未有的可能性和现实性的浪潮。因为很多人已经完全进入并拥有了这个宇宙超级创造力，一个全新的现实现在开始活跃并起舞！这是史无前例的，你们每一个人都是这一超级创造的关键参与者和源头造物主。

练习

●**教练你的客户进入这种神奇的状态**——做这件事的方法有很多种，一种优雅的、自然的方法是：

想象你的客户站在你面前，在你身体外面。现在你作为**全体**、作为新事物的源头、作为万物和**全体**，找到你内在与他们相爱的地方——如此广阔的爱，令你几乎无法相信。深潜到内在去找到那个永恒的崭新的你/他们，用**整体炼金术**式的超级的大爱让他们成为那样的存在。当你体验到你内在某一刻的欣喜若狂时，你会了解、看见、尊重、爱他们，他们就会优雅地、热情地、奇妙地进入他们的蜕变。你刚刚为他们打开了一扇神奇的大门。在你的内在寻找你和他们的联结、你和他们的超级关联、你对他们的敬畏，打开那扇门。这不是关于在你的内在找到客户的"问题"并解决它们，也不是关于与他们融为一体。它是关于你作为**全体**的源头，在你的内在发现那个源头，然后疯狂地、强烈地、深深地爱上作为生命进化**全体**的他们。这样他们就神奇地成为那个状态。

作为教练，你完全地成为**全体**的源头。在这个空间中，你不会犹豫。你不再对想要说什么或做什么进行筛选。你会即时并且令人惊奇地采取行动。对你和他们来讲，这是一个神奇的时刻，并且它穿越**全体**触及无处不在的**生命的整体**。这些是真正的**整体炼金术**的神奇时刻，激发了生命的热情。**整体炼金术**工作中的一切都有这种超级的优雅。你不必非常努力。它很神奇，就发生在一次呼吸、一个念头、一个瞬间，你其实不用去想它。然而你确实对它是极其有意识的。

体验式实践：去应用

● 不要只是臣服于它并且与能量共舞。成为它，你就是那个魔法，成为它自身能量的新源头。

● 找到你内在与生命深沉相爱的地方，与之联结，成为**生命**、进化**生命**、炼金术式地创造新**生命**。

突破

本章的突破是在进化范式中的超级进化。作为一个集体，我们已经从创造、发起、驱动和让人们步入进化范式转变为生活在这种范式之中。我们不仅仅是在写一本让人们变得更有激情和愿景的书籍，我们共创了一个前所未有的现实。这就是超级进化！

第三章　生命创造力

⊚ **本章意图**

- 唤醒你的生命创造力，最大限度地释放它
- 以**整体炼金术**的方式激活你的教练对象的生命创造力

⊚ **深刻潜能**

- 超越对创造性的理解以及对它提供的瞬间现实创造的认知

⊚ **核心要点**

- **生命创造力**——新能量和能力的源头

⊚ **探究性讨论**

1. 你如何获得和定义你的创造性力量？
2. 你如何唤醒自己和他人的生命创造力？
3. 你如何教练生命创造力？

核心内容

生命创造力

近年来，一种新的**生命**源头能量出现了。它流淌在我们的全身并充盈在我们周围的空气中。它已经在物理形态中被激活。人们开始与这种新的能量源头一起工作和生活，它活跃在我们的周围和内在。

生命创造力是在你、你的物质身体和你正在成为的鲜活的创造性存在之间形成的关系。生命创造力在外在形体中涌出、跳跃和上升，让它充满新的确定性和清晰度。它超越了我们之前在这本书里探讨的任何一种力量。它毫无拘束。它将当下全部的可能性呈现给你，令你开怀大笑。它是风趣的、有活力的，充满激情并且创意无限。它确实充满活力，使得到处都充满了潜能和可能性。无限的能量，源源不断的可能性。

在第一部分灵动心智中，我们探讨了穿越头脑、心灵、精神和灵魂，找到合一与活力带来的朝气蓬勃的感觉。然后，在第二部分中，我们超越个人的合一，进入协作的、集体的进化转变……出现了进化范式。在第三部分中，我们更深入探索了宏大的内容，当写下这些内容的时候，才发现我们再一次进化，超越了宏大，甚至超越了进化范式。

怎么会这样呢？进化可以进行得这么快吗？是的，它可以，并且就是这样。当我们学着成为负责任的、极其强大的**进化策略家**时，我们正在加速进化的过程以及与之相关的一切（实践、物质形式、空间、距离、语言、智力等）。对于那些没有经历过之前进化范式中合一与充满活力的现实层级的人来说，这听起来可能有点令人难以置信；对于那些愿意放弃他们迄今为止在本书以及整个人生中学到的一切的人来说，这很容易接受和理解。

在没有思考、没有信念和没有特殊感知的清净空间中，生命创造力是最容易获得的。这是一种能量，它在你内在的空间和你周围的一切中注入了鲜活的创造力以及比这更多的东西。

这并非意味着你必须试图什么都不想。它更像是在每时每刻对于难以想象的各种可能性保持开放。它不是实现可能之事。它是在新的**生命**能量与极其开放的、舞动的灵动智慧相遇时发生的自然的、即时的反应和创造。

生命创造力正引领我们去往很多新生事物，包括：

● 神经重塑——有能力运用新的生命原动力复原、再生，甚至完全重新设计我们的身体和能量结构以及现实呈现。

● 无限制地思考，拥有无限可能性——目光超越现在和以往的一切，甚至超越本该发生的未来的一切。这种思维不受时间、空间和形式的限制，使我们比以往任何时候都看得更广阔、更宏大、更深入，并且更具有创造性。

● 创造性的天赋——你不再需要天生就具有某种特殊的才能。任何人都可以获得创造性天赋的感觉和神奇能力，运用它们去追寻他们想要的卓越并尽情发挥！

我们正在很多方面进行超越：超越疗愈、超越灵性、超越人类、超越传统智慧，等等。正是为了这些进化的创造，我们才赋予了自己这些新的能量、力量和才能。现在我们有责任学习如何做好这件事，不断努力对给**全体**带来持久活力的**生命**有越来越宏大的理解、联结和更深刻的承诺。

练习

● **唤醒你自己和他人的生命创造力**——这是**整体炼金术**行动。你同时向外和向内探索，遇见新的创造源头的灵动存在，让能量在你的体内涌动。你感受并体验到新的生命源头力量，然后你就会成为它**全体**的全然临在。在你身上充分激活它，只要简单地"乒"一下进入那个状态。实际上就是这么简单。新的存在状态使用了新的生命原动力，这种状态下的**整体炼金术**行动是一毫秒的体验，甚至都来不及呼吸。这是一个超级"乒"，你面带微笑，同时看着生命原动力在你体内以及周围的每个细胞和空间中被激活，你会有一种纯粹的无比的喜悦。生命在你的四周焕发光彩。你的面孔将会光芒四射，你的眼睛会闪闪发光，你的笑声更加响亮，你进入了一种前所未有的生命状态。你知道，你了解正在活出的这份力量的深度远比你知道的更多。

要为他人激活这种生命创造力，你自己要完全成为它。陶醉于这个清明的舞动的时刻。感受它在你体内的跳动和涌动。然后来到他们所在的地方，与他们同在——不是与他们融为一体，不是成为他们的一部分，也不是成为他们，只是和他们在一起。通过心灵感应邀请他们进入你这个**整体炼金术**的舞蹈空间。它更像是在生命场域中发出的电波，而不是真的发出一个语音的心灵感应信息。再说一次，这一切都发生在浓缩的一毫秒，就像是超越了时间。你在这样的一个空间中：一个丰富的完整的生命遇见并激活另一个丰富的完整的生命。

人们必须以某种形式为此做好准备吗？有可能，但不一定。在恰当的时机，它似乎是自然和自动发生的。它不必是你先思考如何做，然后再去做。这更像是在某个时刻冒出来的一个机会，令人感到惊喜。

这完全不需要消耗你的任何能量。相反，它将新的能量注入你的身体，让你感受极好且充满活力。这也会让其他人产生类似的感觉。他们会露出笑容，他们更加自信、更加真实，更容易露出笑容。他们在自己身上找到了一种新的力量，并在那一刻实现了向进化范式或超越进化范式的转变。

那些生命创造力被激活的人会发现自己有不同的感受：有时是微妙的，有时是宏大的。不要预设它看上去或感觉起来应该是什么样。这仅仅是激活某样东西，它将伴随他们很长一段时间，甚至可能是他们的余生，持续进化。

体验式实践：去应用

- 激活他人的生命创造力，你需要完全地成为它，与你的呼吸联结，全然地临在。然后联结到新的创造源头，让能量流经你。
- 开始进行生命创造力的教练时，与客户进行心电感应式的联结。允许这种新的能量流经你，让你和你的客户感觉充满活力、朝气蓬勃。

突破

本章的突破可能是过去几千年里我们共同创造的最伟大的礼物。是的，我们共同创造了**生命创造力**。我们把自由的、充满活力的、炼金术般的、动态的能量从空间之间的空间中提取出来，也许就是从伟大的创造性虚空中提取出来，并把它呈现在此时此地，让所有的生命炼金术般地活跃起来。这一章的突破是快乐的、无限的能量和无尽的可能性。

第三部分总结：进化战略

战略家通常被认为是能够看到更大图景的人，知道如何将事情从现状推进到他们设想的更大的可能性。他们是具有远见卓识的人，能够超越当下，以及超越事物的现状。

他们能够看到：

- 多种可能性，
- 通往可能性的路径，

- 每种可能性的后果与好处，

- 结果最佳的一个或多个选项，

- 现在实现它们的最有效的方式。

目前在商业世界里，大多数战略规划者从过去出发，通过增加一些生产模型去创造一个修正现状的版本，然后再从现状出发，思考如何分步实现这个计划。这些战略家往往只看到以往的情况和现状，以及如何从这里线性地达成可预测的成果。

进化战略家的工作导向完全不同。他们的目光超越以往的一切——越过现状看向令人难以置信的未来，这个未来赋予我们追寻成果和梦想的一切力量。然后他们站在那个畅通无阻的未来，确定实现它的最佳路径。

但他们并非只是这个过程的观察者。他们是富有生产力的创造者和预见者，在当下寻找具有超级创造性和别出心裁的解决方案，这会创造出前所未有的具有变革性的、神奇的、不可预测的未来。他们是非凡的预见者。他们超越所有已知的界限去呼吸、生活和创造，并超越现有的思维框架去思考。他们的活动超越了心智和人类思维的界限。他们在新事物中工作并且为了新事物工作，他们自由舞动，不受时间、物质或任何形式的限制，从而让最令我们吃惊的梦想、愿景和可能性得以实现。他们是进化战略家。

进化战略家在人类、**生命**和**全体**的进化过程中扮演着关键又必要的角色。他们并非只是为了项目、公司、教育、政治或世界上任何一个单独的事物而工作，他们在为了未来的整体而努力：人类的未来、地球的未来、不断进化的宇宙的未来，以及更大的范围！他们并非只看重我们对自身以及对这个世界的影响，他们关注我们对万事万物的影响。

关于我们共创的宏大的未来以及未来如何影响万事万物，一名**进化战略家**就是一位总体规划师、建筑师、创建者、建设者和实施者。一位愿景管理者可能会负责一个巨型的项目或愿景，而一位**进化战略家**将是那个最巨大和宏大画面的发起者，这个画面是关于"现在和将来的全体、万物"运动的整体的最大图景。

一位进化战略家目光远大……

- 超越当前的视野和思维框架
- 超越时间，既领悟以往的智慧和学问，又展望未来的发展和可能性

一位**进化战略家**有责任和义务去创造生命策略，让最伟大和最广阔的生命、意识和实相得以展现。

进化战略家不但在意识中起舞、影响意识；他们还创新和进化意识。他们知道进化不是一个历时百万年的过程，我们在其中也不仅仅是凑热闹而已。他们知道我们的每一次呼吸和每一个行动都有机会和可能性去进化这个**世界**和更大范围内无处不在的**生命**。

进化战略家是**整体炼金术**士，他们在时间线以及**全体**与万物的意识网络中轻盈舞动，改变过去的一切，创造我们面前的一切可能。他们是"当下主义者"，以超越时间的舞动去创造他们现在能够展望的一切。

这是一个需要你自豪地、深切地、充满激情地和强有力地担当的角色。任何人都不应该轻率地或无意识地进入这一职业。它召唤那些真正想要投入其中进行舞蹈的人，那些在创造宇宙和超越现状高瞻远瞩方面有着不可估量的才能的人。一人之躯能成为如此多智慧、知识和意识的中心吗？绝对可以！这就是我们原本的样子和在做的事情。也许那正是我们存在的理由。

成为进化战略家

成为**进化战略家**的先决条件是至少在一定程度上学习、体验和掌握：

- 与自己的内心完全一致，为了**全体**更大的利益而工作，由此产生对你

所做的一切的信任

- 与生命的超级联结，完全不能做以任何形式损害生命的事情

- 有能力看到、感知到和觉察到无处不在的潜能

- 熟练地、自发地应用我们不断进化的技能（了知、内在感知、心电感应、超高速思维、超级创造力等），以确定实现当下及未来潜能的最适合的活动

- 有能力探索所有超越时间、空间和形式的各种地方，获取智慧和知识，以便在此刻创造新的智慧和知识

- 对新的存在状态有一种拓展的感知，超越我们一直以来对人类的认识，进入更伟大和更广阔的境界

- 有能力以意义深远的新方式进行合作

- 在"更大的领域"轻松又优雅地工作，精力充沛

- 愿意放弃我们所知道和成为的一切，总是将其发展到下一个存在、转变和超越的运动场

- 在至少一个特定领域里成为进化方面的领导者，真正牢固掌握创造现实的技能

- 炼金术（有能力利用更高的、更活跃的能量自发地变革、创新和进化你自己、他人和世界）和**整体炼金术**（有能力取代过去、现在和未来的一切，从**全体**利益出发并且为了**全体**去创造当下最新的事物）

我们读这个清单的时候会笑，因为世界上的很多人会认为这很疯狂，没有人能在自己的一生中满足这份清单里的所有要求。但是你和我们不这么想，不是吗？我们知道这是自然的，而且是完全可以做到的——我们在本书开始的时候就已经向那个现实敞开心扉了。

在你成为**进化战略家**之前，必须在一定程度上掌握所有这些技能和具备所有能力。你并不想在进化一个不同的未来的过程中才发现自己的了知有所

欠缺。当然，你也不希望某个不具有这些技能的人为你和为我们所有人去创造未来。

进化战略家核查清单

- 你是否合一地为**全体**更大的利益服务？

- 你是否相信自己会一直这样做，无论要做的事情是什么？

- 你是否对你周围的生命有所觉察并与其保持联结？

- 你是否联结到了潜能？

- 你是否与生命有超级联结的状态？你现在会以什么样的频率这样做？

- 你能否熟练应用了知、内在觉察、心电感应、超速思维和超级创造力？

- 你是否享受探索、了解和创造新的觉察？

- 你是否此刻基于但不限于对已知的理解，去创造全新的智慧和知识？

- 你是否体验到自己是一个广阔的新生命？

- 你是否喜欢和他人合作去创新？

- 你是否已经学会如何超越个人能量场去工作，在"更大的场域"里舞蹈？

- 你是否愿意经常放弃你所知道和成为的一切，以便发现最新的进化中的新事物？

- 你是否能以**整体炼金术**的方式工作，去变革、创造和进化自己、他人以及我们的世界？

- 你是否相信我们有能力取代过去、现在和将来的一切，从**全体**利益出发并且为了**全体利益**去创造当下最新的事物？如果是，你已经有过这种经历了吗？

- 你是否有激情和强烈的渴望做得更大、看得更远，并成为一个更大的游戏的共同创造者？

现在假设由你来决定，是否聘用你担任**进化战略家**这个职位，即使它只是一个"受训"职位。基于你对这些问题的回答，你会聘用你自己吗？不要草率地回答这个问题。请记住，我们现在讨论的是我们无比美好的集体的未来。

假如由你来组建一个新的**进化战略家**委员会，负责创新和创造全新的、变革性的新事物，你是否接受自己成为这个职位的受训者？你是否能看到，即使只是回答这个问题都要求你从完全非个人的视角来看待自己？

呼吸、放松、扩展并且超级联结。与你的了知和灵动领域的了知合一。确定这就是你要扮演的角色。除此之外，你可能还有其他惊人的、独特的贡献，所以请确定这是适合你的，并且你也适合它。向外拓展去看你能否感知到那个神奇的召唤，邀请你将它一直带到下一个更新的层次。

如果你的回答是"不"，也没关系。并非每个人都想要成为**进化战略家**……但是如果人们都有这个愿望，岂不是很棒？

如果你此刻感觉还不确定，那就再看一遍核查清单，看看你在哪些方面没有达到要求，并承诺去提升这些方面。本书**高级教练**部分很多模块设计的目的都是训练人们成为这些领域的权威专家。

突破（以及超越）

本书整体的突破在于成为这样的**进化战略家**：超越所有已知边界去呼吸、生活和创造，超越现有的思维框架去思考，向前推动人类以及超越人类的一切存在进行彻底的重新设计。

准备好进化你的教练实践了吗？

教练们同心协力进化和创造一个不同的世界，一个意识到我们互联为一体，同时我们所有人又彻底地、完全地成为独特个体的世界。是时候进化我们的职业并创造这样的世界了、是时候超越教练日常的成功，去教练人性的进化和全球的转变了。

　　这本进化战略家教练书将帮助你更深刻地与自己的伟大重新联结，在这种状态下，去发现如何教练和促进人类进化旅程的运动。这本书将帮助你成为更娴熟的进化教练，并训练你成为一名**进化战略家**。

关于作者

佐然·托德偌维奇（Zoran Todorovic）是一位大师级的认证教练，也是 TNM 教练集团的引导师和高级合伙人。TNM 是一家全球教练和培训公司，致力于通过人类发展创造改变并达成结果。我们有三大主要服务分支——TNM 商业、TNM 生命、TNM 教练学院，每个分支有自己聚焦的领域，但共享一个同样的目标：帮助人们发现、强化和拓展他们的潜能。

创问教练中心是 TNM 国际教练集团在中国的独家合作伙伴。合作研发有进化教练、高阶进化教练、领导不适区、超越大师级教练等课程，其宏大的初心是促进人类集体潜意识的进化，贡献于这个世界。

佐然·托德偌维奇（Zoran Todorovic）、乌什马·帕特尔（Ushma Patel）、索雷拉·格林（Soleira Green）、简·马卡利斯特·杜克斯（Jane MacAllister Dukes）具有一种进化的视角：认为教练不是要和有问题要解决的人一起工作，而是要释放和他们一起工作的每个人身上巨大的天赋、潜力和可能性。甚至超越这一点，帮助人们挖掘他们不可思议的能力。他们将这项工作介绍给了世界各地成千上万的人，并在这个过程中实现了教练的量子飞跃。